国家自然科学基金青年项目（NO.61801279）
山西省基础研究计划面上项目（NO.202203021211333）
山西财经大学博士启动基金（NO.Z18089）

立体 图像
视差计算

Liti Tuxiang
Shicha Jisuan

李杰◎著

四川大学出版社
SICHUAN UNIVERSITY PRESS

图书在版编目（CIP）数据

立体图像视差计算 / 李杰著. -- 成都 ： 四川大学
出版社，2024. 11. -- ISBN 978-7-5690-7487-1

Ⅰ. TP302.7

中国国家版本馆 CIP 数据核字第 2025XF3444 号

书　　名：立体图像视差计算
　　　　　Liti Tuxiang Shicha Jisuan
著　　者：李　杰

选题策划：张建全　王　睿
责任编辑：周维彬
责任校对：胡晓燕
装帧设计：墨创文化
责任印制：李金兰

出版发行：四川大学出版社有限责任公司
　　　　　地址：成都市一环路南一段 24 号（610065）
　　　　　电话：（028）85408311（发行部）、85400276（总编室）
　　　　　电子邮箱：scupress@vip.163.com
　　　　　网址：https://press.scu.edu.cn
印前制作：成都完美科技有限责任公司
印刷装订：成都市新都华兴印务有限公司

成品尺寸：170mm×240mm
印　　张：12.75
字　　数：225 千字

版　　次：2025 年 1 月 第 1 版
印　　次：2025 年 1 月 第 1 次印刷
定　　价：78.00 元

扫码获取数字资源

四川大学出版社
微信公众号

目　录

概论

　　近年来,随着三维重建理论技术的不断完善,使得计算机视觉技术在自动化、智能化的各类系统中占据着至关重要的位置,如数字沙盘、无人驾驶、视觉测量及医疗辅助等。但是,由于成像设备容易遭受各种环境因素的影响,使得高效率高精度的深度感知一直是计算机视觉领域的热点及难点。由于人类和许多动物的眼睛都位于头上不同的横向位置,因此通过双眼获得的两幅图像的差异主要体现在相对水平位置,这种差异被称为水平视差或双目视差,视差进一步在大脑的视觉皮层进行处理进而产生三维感知。基于双目视觉的三维重建本质上是摄像机投影成像的逆向问题,它要求输入的数据为二维图像,而要求输出的信息为场景表面三维结构。二维图像是摄像机几何成像模型与三维物体的几何特征、光照、物体材料表面性质、颜色之间的函数,因而基于双目影像的三维重建是一个非线性问题,其解往往不具有唯一性,而且对噪声或离散化引起的误差极其敏感,同时利用二维影像对三维结构的解算,还面临待解算的数据量庞大、使用传统方法处理耗时极长等问题。因此设计出新的高效的算法来提高三维数据的解算精度,提升三维数据的解算速度,改进三维重建系统三维结构输出的稳定性,有利于三维重建系统的广泛应用。对于双目影像三维重建理论及其应用研究,目前国内还处于追赶阶段。因此,本书结合多视几何、微分几何、图像配准及硬件加速等手段,搭建新的三维重建框架,降低重建算法的不确定性和输出的不可靠性,保证重建精度,并通过硬件高性能集成运算算法设计提高重建效率。有效解决传统特种行业中缺少低成本三维数据的问题(如无人机泥石流灾情观测以及无人机空中侦察等),提高数据的直观性和准确性,形成自主产权专利技术,是本书的主要目标和研究意义所在。

1.1 国内外研究现状

1.1.1 三维重建算法

随着数字化成像设备的研发,数学理论的进步及计算机技术的发展,三维数据获取技术逐渐形成了两个发展方向:主动视觉技术、被动视觉技术。

主动视觉技术,主要是通过各种先进的三维扫描设备对真实场景进行主动扫描,并通过获取的三维数据对场景表面进行数字化三维重构的技术。激光扫描[1]是现有扫描技术中比较成熟的技术之一,它通过高速激光扫描测量方法,大面积高分辨率地快速捕获被测目标表面的三维信息;机载激光雷达[2]是一种快速获取高精度和地面三维信息的新技术,它通过激光技术、高动态载体姿态测定技术和高动态 GPS(global positioning system)差分定位技术三位一体地探测目标表面,快速获取高精度的空间三维信息;结构光扫描技术[3]是利用空间结构光编码技术对投影出的结构做编码,然后对图像进行解码,最后通过三角测距原理获取物体三维信息;微软最新研制的体感技术硬件 Kinect[4]是先通过投射随机点阵,然后利用普通 CMOS(complementary metal-oxide-semiconductor)传感器来捕捉返回的点阵,再通过摄像头观察点阵变化来获取待测目标的空间三维信息。但这类技术都依赖于相应的高端昂贵的硬件扫描设备,且操作较为复杂[5]。激光扫描和结构光扫描大多会花费大量时间来进行连续扫描,如一天甚至数天。而 Kinect 技术对室内的场景比较有优势,但对室外光强比较敏感。

被动视觉技术,主要是通过多视几何原理、人工智能技术、光学成像原理以及各种有效线索对包含在图像中的深度信息进行估算的技术。此类三维重建技术主要包括单目深度信息估计技术、多目三维重建技术[3]。单目深度信息估计技术是通过各类深度线索结合人工智能方法对单幅图像进行三维信息估计,主要方法有阴影重建法[6-7],其利用场景深度信息和图像灰度强度计算场景深度,从而恢复场景空间信息。多目三维重建技术又可以分为双目视角三维重建技术和多目视角三维重建技术,但是这两种技术都遵循多视角几何原理[8],因此,多目三维重建技术至少需要两幅图像。双目视角三维重建技术利用图像间的双视角几何关系,通过三角测量法计算目标的表面三维结构信息。相较于双目视角三维重建技术,多目视角三维重建技术不需要严格遵守对极几何原理的约束,对此,Steven 在文献[9]中进行了较为完整的综述分析。Jean 等[10]提出的较为鲁棒的多目视角三维重建技术,包括以下三部分:首先,通过 SIFT[11] 图像特征检测算法匹配图像;其次,利用 Bundler[8] 获取相机矩阵;最后,通过多视图立体匹配形成三维点云。虽然该算法有较强的鲁棒性,在较少图像数量的情况下能快速生成三维点云,并且 Furukawa 等[12] 提出的 PMVS 算法能够对稀疏的点云数据进行有效扩展,获得精度更高的三维场景信息,但它涉及大量计算,对大规模数据处理耗时过长。

目前,如何将二维立体像对进行快速精确的三维重建,是一项急需解决的瓶颈技术。基于二维图像的三维重建因获取便捷、成本低的优势而受到关注,并逐渐应用于三维地形建模、三维数字景区建模、军事侦察图像三维建模、测量分析等领域。经调研发现,国外已有一些使用相关技术的产品或应用。国内,在张祖勋院士的支持下,武汉朗视软件有限公司自主研发了基于图像和激光扫描的三维建模软件,提供测量和低空摄影数据处理服务,但需要专业人员配合才能使用;四川大学刘怡光教授等[13-14] 提出的无需矫正的三维重建技术和快速三维重建技术,对双目视觉三维重建技术的发展起到了积极作用,但是该技术同样受到诸多环境因素的影响,如纹理弱、视差大、形变大等。因此,国内对相对成熟、低成本、易操作、高精度的基于双目影像的三维建模系统及其相关技术具有相当大的需求。

综上所述,本书将从亚像元级视差估计、弱纹理或动态区域深度信息处理等方面,对基于相位相关的双目影像三维重建技术展开研究。

1.1.2 基于硬件加速的三维重构算法

国内众多领域对三维重建相关理论技术及服务均有巨大需求,如军事反恐、大地航测、数字娱乐等应用领域。然而,由于传统三维重建框架往往不能在保证精细度与运算效率的条件下实现大规模场景重建,在市场上形成了供应少、性能差与需求大、要求高之间的巨大矛盾。三维重建的实际应用具有数据规模大、计算复杂度高等特点,而能否处理海量数据并保证处理效率是三维重建产品赢得高端应用市场(如大地测绘、军事沙盘)的关键。20 世纪 80 年代,Marr 提出的视觉理论框架[15] 使得三维重建得以实现。时至今日,三维重建技术得到了快速的发展,其中包括单目视角三维重建技术[16-17]、双目视角三维重建技术[13,18] 以及多目视角三维重建技术[19-21]。但这些方法均涉及大量计算,对大规模数据处理耗时过长,无法适用于时效性要求较高的场合(如军事沙盘)。上述方法中,有相当一部分算法在时效与精度上做了取舍,且常常是通过牺牲时效性来换取更高的精度。2011 年后,Wu[22]、Choudhary[23] 等使用 GPU 对 Bundle Adjustment 进行了优化加速,使其时效得到明显提高,但是由于这仅是三维重建系统中的一部分,对整体系统性能提升有限。目前,大数据计算日趋普遍,使用 GPU 对大规模的图像数据进行计算也越来越受到研究人员的青睐。虽然有硬件限制,以及存在 GPU 节点间动态通信尚未完全解决等问题[24],但快速算法[25,26]还是大量涌现。Chen[14]等结合相位相关可进行像素快速独立匹配的特点,提出了一种基于 CUDA (compute unified device architecture)的快速三维重建算法,显著提高了三维重建的速度,但是该方法并未考虑到对不可靠区域的抑制,因而不能鲁棒地处理更一般的立体像对。刘鑫等[27]使用计算机集群对大规模点云的三维重建进行了处理,虽然可以获得较好的实验结果,但是只针对 Bundler 三维重建系统部分模块使用 GPU 进行优化加速,不仅不能使计算机集群的计算资源得到充分利用,而且并未对获得的点云数据进行进一步的优化扩展,所达到的精度并不理想。

综上所述,本书将从解决大规模数据高效运算入手,通过多层次并行框架提高系统计算效率,在单位时间内投入足够的运算资源保障具体应用场景的精度要求,实现高效率、高精度的三维重建。

1.1.3　三维超分辨率重构算法

三维数据在军工技术、工业生产、社会安全等方面发挥着关键作用且有巨大的潜在应用价值,但受限于图像采集设备的性能,在投入使用时三维重构系统精度时常不能满足需求。因此,有必要研究三维超分辨率重构技术。与三维超分辨率重构技术相关的技术有二维图像超分辨率算法、光学孔径合成技术以及孔洞填补技术等,对其现状及背景分析如下。

图 1.1　计算机视觉的典型应用事例，如工业测量、辅助医疗、
公共安全、环境监测、视觉导航及虚拟现实等

1.二维图像超分辨率算法

前期的超分辨率研究主要集中在二维图像处理，如 Zheng 等[28]提出了一种
基于多稀疏字典的深度图像重建方法，Hornacek 等[29]提出了用自相似性提高深
度图像分辨率的方法。这两方法都取得了不错的效果，但本质上只是将二维超分
辨率算法应用到深度图像。Diebel 等[20]提出了通过多传感器超分辨率技术提高
深度图像分辨率，使用马尔可夫模型对低分辨率深度图像和高分辨率可见光图像
进行建模，复原高分辨率深度图像的方法。该算法以像素为计算单元，计算复杂
度较高。Yang[31]使用联合双边滤波以插值复原高分辨率深度图像。Garro 等[32]
提出一种由可见光图像对深度图像进行插值的方法。尽管基于插值的方法和基
于双边滤波的方法速度快，但复原图像会过于平滑。

2.光学孔径合成技术

光学孔径合成技术被广泛应用于许多成像系统，如全息成像、微观成像等。
孔径合成概念被认为是提高成像系统分辨能力的极具潜力的方法之一，可以让成
像系统突破其固有空间频率的限制。相干光学孔径旨在通过使用一组小型的子

孔径进行相干叠加来获得大型单片孔径的成像效果。例如,在复振幅已知和CCD(charge-couple device)观测移动物体的条件下,通过对两个或多个子孔径所获得的低分辨率图像做后处理工作,然后合成得到高分辨率的图像。Rabb 等[33]提出分布式孔径合成技术,从一组小型孔径生成高分辨率图像;Liu 等[34]基于非相干光学孔径合成技术重建出高分辨图像,为光学孔径合成基础提供了新的思路。

3.孔洞填补技术

孔洞填补技术的提出是由于镜面反射性质、遮挡以及图像获取中的限制,场景中的某些区域无法被采样,导致了孔洞的产生。孔洞填补技术就是在出现孔洞的点云数据中对孔洞进行填充。Wang 等[35]提出了基于移动最小二乘法的孔洞填补方法,对深度图中的平滑表面效果显著;Jung 等[36]提出了基于深度的图像修复技术以达到孔洞填补的效果;Zhao 等[37]通过解泊松等式提出了针对三角网格的孔洞填补方法;Davis 等[38]利用体积扩散的方法提出了对于复杂表面的孔洞填补方法。

上述几种方法的重构效果,在输入图片分辨率较高的情况下均比较理想,但在实际应用中受限于图像采集设备的性能,并不总是可以获取到分辨率较高的图像。而且图像处理时间较长,又难以满足实际应用中关于实时性的要求。因此,如何在满足实时性的同时获取超分辨的三维信息,将会成为未来的发展趋势。目前,三维超分辨率重构算法的研究还处于起步阶段,面临许多挑战:①将二维超分辨率算法简单应用到深度图像提高三维分辨率,这种方法对于激光深度图像或者ToF(time of flight)图像是有效的,但对双视角三维高精度超分辨率重建存在明显缺陷,因其没有考虑双视角三维表面恢复过程与超分辨率的联系;②高分辨可见光图像引导能提高深度图像分辨率,虽然取得了不错的效果,但由于会增加额外的摄像头,引入了可见光图像与三维图像配准的问题,且同样没有考虑双目视觉感知过程与超分辨率的联系。

二维图像超分辨率重构及三维重建是图像处理领域较常见的两种技术,但是有关超分辨率三维重建的研究目前仍然较少。本书将结合三维空间结构及曲面局部微分几何特性合理地对二维光学影像的三维超分辨率重构算法展开研究。

1.2　相位相关原理

1975 年,Kuglin 等[40]基于傅里叶平移理论(Fourier shift theorem)[39]研究

发现两幅图像的平移信息可以通过它们互功率谱的相位表示,并提出一种具备高配准精度、对窄带噪声及图像卷积模糊不敏感的算法,叫作相位相关(phase correlation,PC)算法。相位相关算法是一种能够用于估计两个相似图像或相似数据集之间相对位移参数的方法,特别适用于配准两个不同传感器拍摄的图像且对光照变化不明感[40],因此是图像配准的常用方法之一。与许多空间域算法相比,相位相关算法对噪声及遮挡更具一定的鲁棒性,同时通过对数极坐标的转换,能被推广到对相关图像之间的旋转及尺幅变化参数的估计[41]的应用中。图 1.2 展示了使用相位相关算法对两幅存在相对位移图像进行平移参数估计,其中两幅图像之间的平移参数为(140,72)。相应地,图 1.2(c)清楚地展示了相位相关的配准峰值位(140,72)附近。

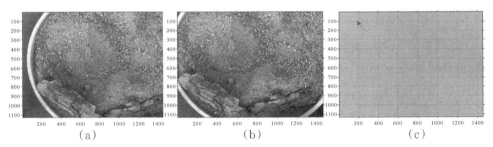

(a)是原始图像;(b)是对(a)图进行(140,72)平移后的图像;(c)是互功率频谱

图 1.2 相位相关图像匹配应用实例

1.2.1 基本原理

相位相关是基于傅里叶平移理论求解图像平移参数的算法,假设存在两幅图像 $I_1(x,y)$ 和 $I_2(x,y)$,并且 $I_2(x,y)$ 是 $I_1(x,y)$ 经过 $(\Delta x,\Delta y)$ 平移后的图像,它们在空间域存在如下关系:

$$I_1(x,y)=I_2(x-\Delta x,y-\Delta y) \tag{1.1}$$

其中,$(\Delta x,\Delta y)$ 是两幅图像之间的平移距离。

那么,根据傅里叶平移理论,对 $I_1(x,y)$ 和 $I_2(x,y)$ 进行傅里叶变换以后,它们在空间域中存在如下关系:

$$G_{I1}(u,v)=G_{I2}(u,v)\,\mathrm{e}^{-2\pi\mathrm{j}(u\Delta x+v\Delta y)} \tag{1.2}$$

其中,$G_{I1}(u,v)=F[I_1(x,y)]$,$G_{I2}(u,v)=F(I_2(x,y))$,F 表示傅里叶变换。

在傅里叶变换之前,为了消除边界效应的影响,通常需要根据图像特点在其空间域添加一个合适的窗口函数,如汉明窗(Hamming Window)。

为提取相位差,可通过求解 G_{I1}、G_{I2} 的归一化互功率谱(normalized cross-power spectrum)实现。归一化互功率谱具体求解过程是使用矩阵 $\boldsymbol{G}_{I1}$ 与矩阵 $\boldsymbol{G}_{I2}$ 的复共轭进行 Hadamard 乘积,然后对每一项进行归一化,具体公式如下:

$$C(u,v) = \frac{\boldsymbol{G}_{I1} \circ \boldsymbol{G}_{I2}^{\mathrm{T}}}{|\boldsymbol{G}_{I1} \circ \boldsymbol{G}_{I2}^{\mathrm{T}}|} = \frac{\boldsymbol{G}_{I1} \circ \boldsymbol{G}_{I1}^{\mathrm{T}} \mathrm{e}^{2\pi\mathrm{j}(u\Delta x + v\Delta y)}}{|\boldsymbol{G}_{I1} \circ \boldsymbol{G}_{I1}^{\mathrm{T}} \mathrm{e}^{2\pi\mathrm{j}(u\Delta x + v\Delta y)}|}$$

$$= \frac{\boldsymbol{G}_{I1} \circ \boldsymbol{G}_{I1}^{\mathrm{T}} \mathrm{e}^{2\pi\mathrm{j}(u\Delta x + v\Delta y)}}{|\boldsymbol{G}_{I1} \circ \boldsymbol{G}_{I1}^{\mathrm{T}}|} = \mathrm{e}^{2\pi\mathrm{j}(u\Delta x + v\Delta y)} \tag{1.3}$$

其中,T 表示矩阵的复共轭,$\circ$ 表示 Hadamard 乘积(或者 entrywise 乘积)。

然后,对 $C(u,v)$ 进行傅里叶逆变换获得归一化互相关:

$$r(x,y) = F^{-1}(C(u,v)) \tag{1.4}$$

其中,F^{-1} 表示傅里叶逆变换。

复指数的傅里叶逆变换通常是一个脉冲函数(Kronecker delta function)。因此,经傅里叶逆变换后,$r(x,y)$ 可以表示为

$$r(x,y) = \delta(x + \Delta x, y + \Delta y) \tag{1.5}$$

在噪声污染较小的环境中,它通常是一个单峰函数,如图 1.3 所示。

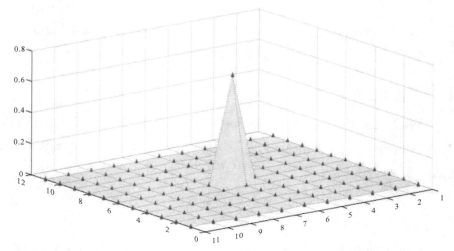

图 1.3　图 1.2(a)和图 1.2(b)经傅里叶逆变换后的归一化互相关图

(只截取了峰值附近 11×11 的区域用于对峰值区域进行局部展示)

那么,可以通过 $r(x,y)$ 的峰值位置判定平移参数 $(\Delta x, \Delta y)$

$$(\Delta x, \Delta y) = \arg \max_{(x,y)}\{r(x,y)\} \tag{1.6}$$

从而为后面图像融合三维表面恢复提供重要的参数依据。

　　一般情况下,由于互相关图是一个整数矩阵,通过式(1.6)很容易求解得到整数级平移参数。但是,因为实际环境对亚像素级匹配的需求,引起了许多学者的研究兴趣,并提出了大量的浮点数级的参数估计方法,其中插值方法是常用的方法一。在各类计算机视觉软件库中(如 OpenCV),常用的插值方法有抛物线插值和基于质心的插值两种,但是它们的精度都逊于其他更精致的算法。

　　在归一化互相关图中,数据的傅里叶表示已经被计算出来,可以很方便地使用实数傅里叶平移理论求解亚像素级参数,其本质上是使用正弦基函数的傅里叶变换进行插值。因此,Foroosh 等[42]提出了一个基于傅里叶变换的估计器,它通过峰值位置及其邻域值设计了一个简单的公式来逼近亚像素级峰值位置:

$$\Delta x = \frac{r(1,0)}{r(1,0) \pm r(0,0)} \tag{1.7}$$

其中,$r(0,0)$是整数级峰值位置,$r(1,0)$是 x 方向上的最邻近值。

　　与大多数方法相比,Foroosh 方法虽然不是精度最高的算法,但是它的运算速度相当快。还有一些方法可以在傅里叶空间直接推断出亚像素级的峰值位置,如 Stone 方法[43]。这些方法使用线性最小二乘法(line least squares,LLS)来拟合相位角平面模型(图 1.4),但是长时间的相位角运算是此类算法的劣势,尽管如此,在运算速度上它还是比非线性算法有优势[44],甚至在合适的图像尺寸下,它的运算速度能赶上 Foroosh 方法。

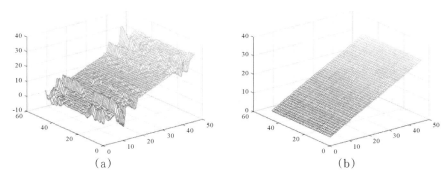

(a)　　　　　　　　　　　　　　　　(b)

图(a)为没有去噪的相位展开图;图(b)为通过 SVD(singular value decomposition)方法

去噪后的相位展开图

图 1.4　围绕归一化互功率频谱中心截取的 50×50 局部数据的相位展开图

1.2.2　优势与缺点

与空间域算法相比，相位相关算法对噪声、光照、遮挡具备较好的鲁棒性，被普遍应用于医学图像及卫星图像处理领域。但是相位相关算法不能有效地处理周期图像（如棋盘格图像）。

为了对浮点数级平移参数进行估计，相位相关算法在参数估计过程中引入了亚像素平移参数估计方法。又因为所有的亚像素平移参数估计方法基本都是插值方法，所以其性能取决于基础数据与假设插值函数的契合度。众所周知，很多算法之所以不满足高精度需求而受到限制，是因为一些方法在插值方法选择上的不确定性可能造成更大的数值或近似误差。此外，亚像素平移参数估计方法还对图像中的噪声特别敏感，所以在具体的应用中不仅要考虑速度、精度，还要考虑算法对各种噪声的优劣。

1.3　双视几何原理

双目立体视觉能够从两张图像中获取事物的三维几何信息是基于对人类视觉系统的研究[45]。基于双目立体视觉的三维重建是通过两个平行视觉角度的相机或者单个相机平行移动准同步拍摄一个场景获取两张图像来恢复场景的三维信息或者重建场景表面的三维结构。因此，相对于单目视角三维重建算法，如 Shape-from-shading，基于双目立体视觉的三维重建方法更为直接。双目立体视觉获取场景的三维几何信息是基于视差原理[46]，图 1.5 展示了一个简单的横向双目立体视觉系统，其中 b 是两个相机投影中心的基线距离。图 1.5 中摄像机坐标系的原点坐标被设置在摄像机 C_1 的光学中心。在实际情况下，摄像机的成像面位于摄像机光学镜头的后面。然而，为了方便计算及直观呈现双目视觉系统中相应坐标点的几何关系，图像平面被画在了光学中心前面。图 1.5 中图像坐标系中的 u 方向和 v 方向分别对应摄像机坐标系中的 x 方向和 y 方向，图像坐标系的原点正好位于摄像机光轴与成像面的交点。

假设摄像机坐标系中的三维空间中的坐标点 P 分别被摄像机 C_1、C_2 经过旋转平移后投影到成像面的两幅图像上的坐标点 $p_1(u_1,v_1)$ 和坐标点 $p_2(u_2,v_2)$。其中，假设在摄像机坐标系中 C_1、C_2 的坐标分别为 $(0,0,0)^T$、$(b,0,0)^T$。假设两个摄像机在同一平面，那么 p_1、p_2 点的 y 方向是相同的，即 $v_1=v_2$。根据针孔摄像机投影模型，三维空间中的坐标点 P 与二维图像像点 p 之间存在如下关系：

$$p = KP \tag{1.8}$$

其中，K 是摄像机透视投影矩阵。

根据对极几何中摄像机的平移旋转关系[8]，如图 1.5 所示，摄像机 C_1、C_2 对同一场景进行摄影时，两个摄像机间存在一个基线距离，因此，在摄像机坐标系下摄像机透视投影矩阵的外部参数存在不一致性。

$$K_1 = ER[I \mid C_1]$$
$$K_2 = ER[I \mid C_2] \tag{1.9}$$

其中，E 是摄像机标定矩阵，R 是旋转矩阵，I 是单位矩阵，C_1、C_2 是摄像机坐标系下的摄像机光心坐标位置。

需要注意的是，本节中为了方便公式推导，假设摄像机 C_1、C_2 的内部参数是一致的，并且忽略了径向畸变以及主点误差等误差的影响（对摄像机标定有兴趣的读者可以进一步阅读文献[8][47-49]）。

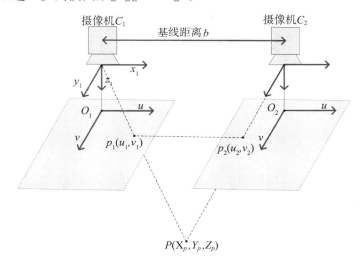

图 1.5　立体视觉系统的几何关系

在同一摄像机坐标系下，根据不同的摄像机透视投影参数，可以得到图 1.5 中三维空间中点 P 与其在不同摄像机中的成像点 p_1、p_2 的投影关系：

$$p_1 = K_1 P$$
$$p_2 = K_2 P \tag{1.10}$$

假设像点 p_1、p_2 已经被立体匹配算法（如文献[50-54]）确认为配对点，则可以通过三角测量法[55]对其进行视差求解。假设像点 p_1、p_2 在图像上的坐标位置

分别是(u_1,v_1)、(u_2,v_2),根据摄像机成像原理,可知像点坐标与三维坐标点存在如下关系:

$$\begin{bmatrix} u_1 \\ v_1 \\ 1 \end{bmatrix} = \begin{bmatrix} \dfrac{fX_p}{Z_p} \\ \dfrac{fY_p}{Z_p} \\ 1 \end{bmatrix} \quad (1.11)$$

$$\begin{bmatrix} u_2 \\ v_2 \\ 1 \end{bmatrix} = \begin{bmatrix} \dfrac{f(X_p-b)}{Z_p} \\ \dfrac{fY_p}{Z_p} \\ 1 \end{bmatrix} \quad (1.12)$$

其中,(X_p,Y_p,Z_p)是三维空间中点 P 在摄像机坐标系下的三维坐标位置,f 是摄像机镜头焦距。

从式(1.11)和式(1.12)可以看出,图像在 u 方向上存在差异,在 v 方向上是一致的($v_1=v_2=\dfrac{fY_p}{Z_p}$)。因此,根据视差定义,可以通过如下公式计算 u 方向上的视差值:

$$d_u=u_1-u_2=\frac{fX_p}{Z_p}-\frac{f(X_p-b)}{Z_p}=\frac{f_b}{Z_p} \quad (1.13)$$

基于视差值,三维空间中点 P 的坐标位置可以被恢复。因此,一旦图像坐标已知,除去摄像机内部参数,三维空间中点的坐标位置定义如下:

$$\begin{bmatrix} X_p \\ Y_p \\ Z_p \end{bmatrix} = \begin{bmatrix} \dfrac{bu_1}{d_u} \\ \dfrac{bv_1}{d_u} \\ \dfrac{f_b}{d_u} \end{bmatrix} \quad (1.14)$$

1.4　GPU 基本概念

图形处理器(graphics processing unit,GPU)是一个通过快速操作及更替内存实现在帧缓冲区中图像加速创建的电子器件。GPU 加速计算是利用图形处理器与中央处理器(center processing unit,CPU)之间的协同化运算,来改进科学、工程、消费以及企业应用程序的运行速度。时至今日,GPU 已经成为主流计算系统的重要组成部分。GPU 不仅是一个强大的图形引擎,而且是一个高度并行的可编程芯片,其内存带宽及峰值运算大大超越了相对应的 CPU。并行是未来计算的重要特征之一,因此继续集中于添加核心数量而不是增加单个线程的处理能力是未来微处理器的重要发展方向之一[56]。同样地,高度并行的 GPU 可编程芯片作为一个强大的运算引擎正在针对各种应用中的计算需求快速走向成熟。因此,GPU 的性能及潜能给未来计算系统带来了很大的信心。不过,GPU 的结构和编程模式与大多数单片机存在着很大的不同(图 1.6)。

图 1.6　适用于笔记本电脑的一款 GPU 产品

1.4.1　GPU 体系架构

GPU 通过重复设置多个相同的流式多处理器来实现硬件上的大规模并行计算[57-58]。因此,GPU 生产厂商通常也是通过调整流式多处理器的个数来制造满足不同市场需求的产品。

线程块的抽象表示将 Kernel 函数自然映射到通用计算图像处理器(general purpose GPU,GPGPU)中任意数量的流式多处理器上。线程块是协作线程间合作的容器,并且设定只有其内部的线程才能进行数据共享。因此,线程块在程序中表达出了一种天然并行特性,它很自然地将并行计算划分到了多个相互独立运行的容器中[59]。

对线程块抽象的转换是直接的,每个流式多处理器可以被调度执行一个或多个线程块。因为只受到来自设备的限制,这种映射存在如下特点:

(1)可透明地扩展到任意数量的流式多处理器上。

(2)对流式多处理器的位置没有任何限制。

（3）能够将执行中的 Kernel 函数与用户参数广播给硬件。并行广播是扩展最强、速度最快的通信机制，它能够将数据移动到大量的处理单元上。

由于在线程块内部所有的线程都在同一流式多处理器上执行，在流式多处理器内部 GPU 设计者提供了高速内存来实现数据共享，该内存被称为共享内存。如此就巧妙地避免了在多核处理器中常见的维护缓存一致性而引起的可扩展性问题。一致缓存能确保反映缓存中所有变量处于最新状态，而不用关注有多少处理单元可能对一个变量进行读操作或更新操作。因此，线程块的抽象及底层芯片中大量的流式多处理器硬件单元共同透明地提供了无限的、高效的扩展能力。

1.4.2 环境平台

CUDA 是由英伟达（NVIDIA）公司推出的一款并行计算平台和编程模型。它运用 GPU 高度并行的能力，来实现计算系统运算性能的显著提高。CUDA 工具包能够为 C/C++研发工程师编写 GPU 加速程序提供完备的研发环境。CUDA 工具包中包括一个针对其本身 GPU 系列产品及数学函数库的编译器，以及用于调试和优化应用程序性能的各种工具：①编译器，它是 CUDA 为工程开发人员提供的应用开发库，如 GPU 加速库。在早期的版本中，CUDA 的标准数学运算库较少，只有两个，即 CUFFT（CUDA fast Fourier transform）以及 CUBLAS（CUDA basic linear algebra subprogram），且这两个数学库所解决的问题都是经典算法的并行化加速问题。随着 CUDA 加速库的日渐丰富，研发人员能够快速、方便地构建自己的应用算法。②在实际运行中，基于 CUDA 开发的程序主要分为两部分执行：一部分叫主机代码（host code），在 CPU 上执行；另一部分叫设备代码（device code），在 GPU 端运行。另外，根据代码执行的物理位置不同，它们能够访问的资源也不同，因此可以把与之相对应的各种运行组件归为三类：一类是公共组件，二类是宿主组件，三类是设备组件。CUDA 中包含的 CUDA C 编程语言扩展，既有效地利用了 Kernel 函数等，又运用了一种简略、合理的模式对大规模并行计算逻辑进行有效的阐述。因此，CUDA 成了充分利用并行硬件实现程序性能加速的关键[59]。

OpenCL（open computing language）是一个能够在异构平台上执行的编程架构，是一种开放式计算语言的简称。它可以有效地支持由多中央处理器（central processing units，CPUs）、多图形处理器（graphics processing units，GPUS）、多信号处理器（digital signal processors，DSPs）、多现场可编程门阵列（field-programmable gate arrays，FPGAs)以及其他处理器或硬件加速设备组成的异构系统。OpenCL 详细地说明了一个针对并行设备进行编程的编程语言(基于C99)，以及详细地阐明了执行程序及控制平台的应用程序编程接口(application programming interfaces，APIs)，并且提供了两种并行机制：一种是基于任务的并行机制，另一种是基于数据的并行机制。这种语言降低了对 GPU 芯片进行可编程实现的难度，使得 GPU 不但能够解决图形图像领域的问题，而且能够被推广到其他领域，如人工智能、计算机视觉等。

1.5　本书主要内容

本书主要针对相位相关算法在视差估计中及其在实际应用中所遇到的三个关键问题展开研究：①受到成像环境的影响，如大形变、大视差、弱纹理或动态纹理等，相位相关算法在对立体像对进行匹配时很难估计出精确的配准参数；②基于相位相关的三维重建算法在视差计算及后处理过程中存在巨大的时间消耗，导致其与实际应用中对准实时或实时性以及高精度的需求之间具有较大矛盾；③在恢复物体三维表面时，受视差精度及像素点数量的影响，稀疏点云往往不能精细地刻画物体三维表面的结构细节。基于上述问题，本书提出一种基于层次化及最小二乘的精确图像配准算法，设计了一种自适应层次化的无人机航拍影像高精度视差求解方法，并在层次化自适应的基础上提出一种基于 GPU 加速的层次化自适应快速三维重建方法，还设计了一种基于视差图融合的三维高分辨率重建算法。具体内容归纳如下。

1.提出基于层次化及最小二乘的精确图像配准算法

针对传统对数极坐标傅里叶变换(log-polar mapping based Fourier transform，LPMFT)在大尺度、大旋转及大平移变换情况下不能精确估计图像对之间的变换参数，本书提出基于层次化及最小二乘的图像配准方法(multi-resolution analysis and least square optimization，MALSO)：首先，使用小波变换将图像分解为多分层结构，并将每层的低频部分作为待匹配图像；其次，在每层中，引入窗口函数及自适应滤波函数以减少谱泄漏，混叠及插值误差的影响；最后，构建一个代价函数，并通过最小二乘法求解最优参数。实验表明，该方法既满足了大尺度、大旋转及大平移参数准确估计的要求，又比 LPMFT 对遮挡更具鲁棒性，有一定的理论及应用价值。

2.提出自适应层次化的无人机航拍影像高精度视差求解方法

当使用固定的窗口相位相关算法估计立体图像的视差时,由于场景深度差异较大以及噪声的影响,相位相关算法常常无法取得较高精度的视差结果。这类问题在使用固定窗口相位相关算法对无人驾驶飞行器(unmanned aerial vehicle,UAV)航拍影像进行数字高程模型(digital elevation model,DEM)提取时尤为突出。为了解决这个问题,本书提出了一种自适应层次化的相位相关算法,包括三个步骤:第一步,使用带初始窗口的 PC 算法对每个像素点进行视差值估计,并且记录每个像素点 Dirichlet 函数的初始峰值;第二步,在剩下的层次中,由 PC 算法逐步缩小窗口尺寸,且在上层视差值的引导下对每个像素点进行更精确的视差估计;第三步,对前面两个步骤迭代执行直至收敛。值得注意的是,我们通过初始层的 Dirichlet 函数的峰值构建了一个可信度函数,并从第二步起,根据每个像素点的 Dirichlet 函数的峰值,消除立体像对中一些急剧变化区域的影响,如河流区域等;此外,该方法亦可以减少一些边界问题的影响,如 boundary overreach 等。该方法亦已在模拟图像及真实图像中进行了定量及定性的对比测试,包括大量的真实无人机航拍影像,测试结果显示该方法优于当前流行的方法,尤其是在处理包含高山河流区域的无人机航拍影像方面对比效果明显。

3.提出基于图形处理器加速的层次化自适应三维重建方法

本书提出一种基于图形处理器加速的层次化自适应快速三维重建方法,其主要包含以下三种技术:基于 GPU 的相位相关算法并行技术,基于 GPU 硬件加速的层次化自适应的快速视差求解技术以及下采样滤波技术。针对传统 PC 算法无法克服视差范围较大、无纹理及动态纹理的影响而造成的误匹配问题,笔者提出基于 GPU 的相位相关算法并行技术。针对在密集匹配中 PC 算法庞大的计算量,考虑到实现 PC 算法的单指令多数据结构(single instruction multiple data,SIMD)特性,将 GPU 并行加速技术融入层次化自适应架构,笔者提出基于 GPU 加速的层次化自适应的 PC 算法实现视差图从粗到细的快速求解技术。针对中值滤波器的滤波效率受滤波窗口大小的影响,为改进视差图滤波效率,根据层次化特征、下采样视差图,使用小窗口中值滤波器滤波,先通过双线性插值进行上采样视差图,然后采用双边滤波进行平滑滤波,最后通过迭代收敛获得细化视差图,再根据摄像机参数信息并利用双目视角三维重建模型求得目标三维模型。此外,从第二层次开始,引入基于 Dirichlet 函数峰值的可靠性评估策略,在 GPU 端对每个视差的可靠性进行并行评估。对实验结果进行定性、定量及时耗等方面的比较,均显示笔者所提出的方法优于当前流行的方法。

4.提出一种基于视差图融合的三维高分辨率重建算法

基于二维影像的被动三维(three dimensional,3D)重建方法是计算机视觉测量的基础。然而,稀疏点云不能精细地表现出物体三维表面的结构细节。针对这一问题,我们提出了一种基于被动影像的高分辨率(high resolution,HR)三维重建方法,主要包含以下三个步骤:第一步,基于图形处理单元的高度并行结构,设计一种基于多块并行的并行计算架构来快速估算每个像素点的平移值。在本算法中,我们依赖并行架构两次:一次是在视差估计模块,用于快速估计二维影像的视差图;一次是在投影融合模块,用于快速估计视差图的缩放、旋转和平移参数。第二步,提出一种直接融合三维空间视差图的投影融合方法。第三步,采用三维曲面重建方法对不规则高分辨率点云曲面进行重构。笔者所提出的方法对真实沙盘连续拍摄的二维立体像对进行了测试,实验结果验证了该方法的三维点云的分辨率明显提高。

第 2 章

一种基于权重的相位
相关峰值拟合方法

2.1 研究现状

立体像对间的运动估计是任何立体视觉系统有效处理视觉信息的核心。立体像对间的运动信息通常是由立体视角下不同视点观测物体而引起的。因此,运动估计是视觉感知领域重要的研究课题之一。

相位相关是基于傅里叶变换的一种经典的运动估计方法。Heid 等的研究表明,与传统互相关以及其他高精度图像配准方法相比,相位相关具有良好的精度和可靠性等优势[60]。因此,相位相关方法引起了很多学者的关注,并提出了很多更为巧妙的改进方法,且将其应用在了图像匹配、视觉感知等领域。Stone 等提出了一种可直接在频率域进行图像运动估计的相位相关方法[43]。Hoge 等提出了一种基于奇异值分解(singular value decomposition,SVD)的相位相关矩阵秩 1 子空间的运动估计方法[61]。Lamberti 等介绍了一种快速相位相关算法,它利用主频信息拟合配准参数[62]。Ren 等将二维图像投影到一维信号中,利用一维相位相关方法估计两个方向的位移,从而将原始相位相关的时间复杂度降低到了 $O(n\log n)$[63]。Xie 等基于几何约束特性,提出了一种基于固有几何关系估计峰值位置的峰值计算方法[64]。为了提高配准精度,Tong 等结合 SVD 和 unified RANSAC 算法优异的抗噪能力构建了一种频率域图像配准方法[65],Tzimiropoulos 等基于图像梯度域特征构建了一种尺度不变性图像配准方法[66],Li 等针对无人机航拍影像特性构建了一种层次化相位相关高精度视差估计方法[67],李锋等构建了融入旋转矢量的相位相关模型从而保证了稳像系统的稳像精度[68]。在相位相关研究的基础上,Alba 等对相位相关算法的精度改进进行了综述性研究[69]。随着匹配精度的提高,许多学者试图提高相位相关的计算效率,与文献[63]相似,Shibahara 等将二维配准矩阵压缩到一维以减少图像匹配的运算时间[70],Chen 等构建了基于 GPU 的并行相位相关的快速三维重建方法[14]。与此同时,相位相关方法也被应用到许多领域,赵晨晖等基于相位相关算法构建了一种无须矫正的高精度窄基线三维重建方法[13];陈一民等基于对大气湍流相位相关互功率谱的研究提出了光学影像机械防抖方法[71];莫凡等将文献[64]中的方法应用于卫星颤震探测[72];葛树志等针对飞秒时间测量中峰值宽度影响,并通过基于阈值的相位相关降低峰值宽度提高超声测距精度[73]。然而,受立体匹配计算量、视差差异的影响,许多研究工作,如文献[13-14][67]等,希望通过改进运动估计算法来保证立体图像视差估计的时效性、稳定性及准确性。受这些问题的启发,本章提出了一种基于权重的相位相关峰拟合算法。

2.2 基于权重的相位相关峰值拟合方法

2.2.1 相位相关

存在两幅图像 $f_i(\boldsymbol{X})$,$\boldsymbol{X}=[x,y]^{\mathrm{T}}\in\mathbf{R}^2$,$i=1,2$,用 $F_i(\boldsymbol{U})$,$\boldsymbol{U}=[u,v]^{\mathrm{T}}\in\mathbf{R}^2$ 表示 f_i 的傅里叶变换。如果我们将 f_2 作为 f_1 平移 $\boldsymbol{d}=[\delta x,\delta y]^{\mathrm{T}}\in\mathbf{R}^2$ 后的结果,则 f_1,f_2 之间的关系为

$$f_2(\boldsymbol{X}) = f_1(\boldsymbol{X}+\boldsymbol{d}) \tag{2.1}$$

其傅里叶变换关系为

$$F_1(\boldsymbol{U}) = F_2(\boldsymbol{U})\exp\left\{-\mathrm{i}\frac{2\pi}{W}(\boldsymbol{U}^{\mathrm{T}}\boldsymbol{d})\right\} \tag{2.2}$$

最后,为提取相位差,我们计算图像 $f_i(\boldsymbol{X})$,$i=1,2$ 的归一化互功率谱 $C(\boldsymbol{U})$:

$$C(\boldsymbol{U}) = \exp\left\{-\mathrm{i}\frac{2\pi}{W}(\boldsymbol{U}^{\mathrm{T}}\boldsymbol{d})\right\} \tag{2.3}$$

其中,$\boldsymbol{U}$ 表示频率域坐标,i 表示复数,T 表示转置,W 表示图像尺寸。

然后,对归一化互功率谱 $C(U)$ 进行傅里叶反变换求解:

$$I(\boldsymbol{X}) = F^{-1}\{F_1(\boldsymbol{U})F_2^*(\boldsymbol{U})\} \tag{2.4}$$

其中,F^{-1} 表示傅里叶反变换,$*$ 表示复共轭。

将归一化互功率谱 $C(U)$ 的傅里叶反变换看作 Kronecker delta 函数:

$$I(\boldsymbol{X}) \approx \delta(\boldsymbol{X} + \boldsymbol{d}) \tag{2.5}$$

其中，$\boldsymbol{X}$ 是图像的坐标，$\boldsymbol{d}$ 是方向向量。

根据 Kronecker delta 函数的多维性质，可将式(2.5)表示为

$$\delta(\boldsymbol{X} + \boldsymbol{d}) = \delta(x + \delta_x)\delta(y + \delta_y) \tag{2.6}$$

其中，$\boldsymbol{X} = [x, y]^{\mathrm{T}}$ 表示图像的坐标，$\boldsymbol{d} = [\delta x, \delta y]^{\mathrm{T}}$ 表示 x, y 方向的运动向量。

因此，根据一维 Kronecker delta 函数定义（以 x 方向为例），二维 Kronecker delta 函数可以被分成两个方向，即 x, y 方向。在数学中，Kronecker delta 函数是两个变量的函数，通常是正整数。如果变量相等，则函数为 1；否则为 0。

$$\delta(x - \delta_x) = \begin{cases} 0 & x \neq \delta_x \\ 1 & x = \delta_x \end{cases} \tag{2.7}$$

其中，函数 δ 为分段函数。

2.2.2 反比例函数

构造一个反比例函数以近似一维 Kronecker delta 函数的分段函数性质，反比例函数构造如下：

$$P(x - \delta_x) = \frac{a}{a + (x - \delta_x)^2} \tag{2.8}$$

在 $a \to 0$ 的条件下，根据洛必达法则得：

$$\lim_{a \to 0} \frac{a}{a + (x - \delta_x)^2} = \begin{cases} 0 & x \neq \delta_x \\ 1 & x = \delta_x \end{cases} \tag{2.9}$$

其曲线图如图 2.1 所示。

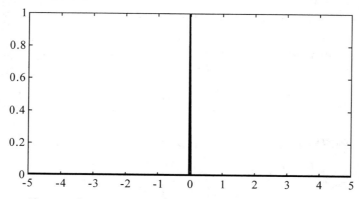

图 2.1 式(2.7)的曲线图近似于一维 Kronecker delta 函数

在 $a \to 0$ 条件下，通过积分公式可证所构造的反比函数满足一维 Kronecker

delta 函数的平移性质。积分公式定义如下:

$$\int_{-\infty}^{+\infty} \lim_{a \to 0} \frac{a}{a + (x - \delta_x)^2} f(x) \mathrm{d}x = f(\delta_x) \tag{2.10}$$

因此,基于式(2.9)和式(2.10),我们可以假设:

$$\delta(x - \delta_x) \approx \lim_{a \to 0} \frac{a}{a + (x - \delta_x)^2} \tag{2.11}$$

至此式(2.11)可直接被用于对图像平移参数的估计。

从式(2.11)可以看出,估计 $I(\boldsymbol{X})$ $(\boldsymbol{X} = [x, y]^{\mathrm{T}} \in \mathbf{R}^2)$ 的高精度峰值位置,至少需要两个点。需要注意的是,峰值位置不仅可能出现在图像边界处,而且可能出现在图像中心位置附近。因此,当峰值点处于图像中心位置附近时,只用两个点来估计峰值位置会导致结果的不确定性。为避免不确定性,可以构建基于权重的反比例函数峰值拟合方法。

2.2.3 基于权重的反比例函数峰值拟合方法

根据峰值点 $(x, y) = \arg\max\limits_{x,y} I(\boldsymbol{X})$ 及其在 x 轴方向上两个邻域点作为拟合点,可定义拟合方程如下:

$$\begin{cases} P(x_1) = \dfrac{a}{a + (x_1 - \delta_x)^2} \\[2mm] P(x_2) = \dfrac{a}{a + (x_2 - \delta_x)^2} \\[2mm] P(x_3) = \dfrac{a}{a + (x_3 - \delta_x)^2} \end{cases} \tag{2.12}$$

其中, $[x_2, P(x_2)]$ 表示 x 方向上的峰值点, $[x_1, P(x_1)]$ 和 $[x_3, P(x_3)]$ 表示 x 方向上峰值点的左右邻域点。

通过 $P(x_1)$ 除以 $P(x_2)$ 以及 $P(x_2)$ 除以 $P(x_3)$ 可得:

$$\begin{cases} P(x_1)a + P(x_1)(x_2 - \delta_x)^2 = P(x_2)a + P(x_2)(x_1 - \delta_x)^2 \\ P(x_2)a + P(x_2)(x_3 - \delta_x)^2 = P(x_3)a + P(x_3)(x_2 - \delta_x)^2 \end{cases} \tag{2.13}$$

为简化运算,令 $a = 0$,可得:

$$\begin{cases} P(x_1)(x_2 - \delta_x)^2 = P(x_2)(x_1 - \delta_x)^2 \\ P(x_2)(x_3 - \delta_x)^2 = P(x_3)(x_2 - \delta_x)^2 \end{cases} \tag{2.14}$$

由式(2.14)可知,如果采用三点拟合峰值位置,会求得两个不确定性解。为解决该问题,要考虑式(2.14)存在以下三种情况:第一种情况,如果峰值位置近似于匹配图像的左边缘,则表示 x_1 不存在;第二种情况,假设峰值位置出现在匹配图像的右边缘,将导致 x_3 消失;第三种情况,峰值点位于图像中心附近,则待估计峰值点可能出现在 x_2 两侧。

第一种情况,只采用点 x_2,x_3 及其峰值 $P(x_2)$,$P(x_3)$ 拟合亚像素级峰值点位置。因此,由式(2.14)可得:

$$\delta_x^{\text{case1}} = \frac{x_2 \mp x_3 \sqrt{\dfrac{P(x_3)}{P(x_2)}}}{1 \mp \sqrt{\dfrac{P(x_3)}{P(x_2)}}} \tag{2.15}$$

式(2.15)表明 δ_x^{case1} 有两个解,为获得更好的结果,采用区间约束策略,选取 x_2 和 x_3($x_2 < \delta_x^{\text{case1}} < x_3$,且 $x_2, x_3, \delta_x^{\text{case1}} \in \mathbf{R}$)之间的解作为最佳峰值位置。

第二,根据假设,仅采用点 x_1 和 x_2 拟合亚像素级峰值点位置,可得:

$$\delta_x^{\text{case2}} = \frac{x_2 \mp x_1 \sqrt{\dfrac{P(x_1)}{P(x_2)}}}{1 \mp \sqrt{\dfrac{P(x_1)}{P(x_2)}}} \tag{2.16}$$

与第一种情况的区间约束策略相同,式(2.16)选择区间 $[x_1, x_2]$ 作为最佳峰值点区间。

第三种情况,基于峰值点 x_2 的整数性质,可在其两侧求得两个亚像素级准峰位置。在此种情况下,第一种情况和第二种情况均可求得一个较好的亚像素级峰值位置,但直接使用区间约束选择其中之一,并将其作为最终峰值位置,可能导致算法精度存在不稳定性。因此,有效整合这两个准峰位置,并使其最终能更准确地逼近真实峰值位置是一个具有挑战性的问题。众所周知,$\delta(x)$ 函数具有对称性,即距峰值位置越近,函数值越大。因此,根据峰值大小,可赋予两个准峰值位置不同的权重,来替代区间约束选择最终的峰值位置。这样避免了简单采用区间约束所带来的不稳定性。因此,在第一种情况和第二种情况的基础上,通过构建基于权重的反比函数拟合算法,可改进采用区间约束的不稳定性,其定义如下:

$$\delta_x^{\text{case3}} = \frac{w_1 \delta_x^{\text{case1}} + w_2 \delta_x^{\text{case2}}}{w_1 + w_2} \tag{2.17}$$

其中,w_1 和 w_2 表示权重函数,定义如下:

$$\begin{cases} w_1 = \exp[kP(x_3)] \\ w_2 = \exp[kP(x_1)] \end{cases} \tag{2.18}$$

k 取一个经验值(在实验中 $k = 4$),$P(x_3)$,$P(x_1)$ 表示点 x_1,x_3 的函数值。

2.3　实验结果与分析

本节通过实验来验证构建方法的有效性。首先对实验环境进行详细描述:硬件环境基于 Intel Core i3-4130 CPU 3.40GHz 和 4G 随机存取存储器(RAM);软件环境基于 MATLAB 2017a。为了探索该方法的有效性,选择 7 幅图像对提出方法进行测试:第一,基于两幅人工合成的亚像素运动噪声图像[图 2.2(a)];第二,基于两个人工合成的大范围运动噪声图像[图 2.2(b)];第三,基于人工合成运动图像[图 2.2(c)];第四,基于两个真实图像[图 2.2(d)(e)]。为了对比提出方法的性能,将其与现时主流方法,如文献[13][61][63][64][66][69]等,进行对比测试。

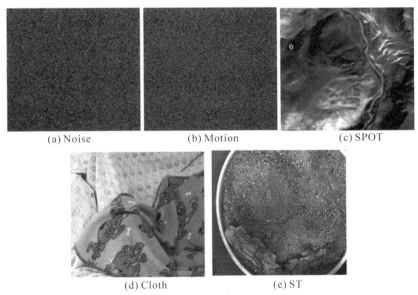

(a) Noise　　　　　　(b) Motion　　　　　　(c) SPOT

(d) Cloth　　　　　　(e) ST

图 2.2　不同场景下的图像平移参数对比

Noise 包括两个在 x 方向上存在亚像素级平移的图像对:一个平移参数为 1.25 像素,另一个平移参数为 0.833 像素;Motion 包括两个在 x 方向上较大平移参数的图像对:一个平移参数为 64 像素,另一个平移参数为 128 像素;SPOT 在 x 方向上的平移参数为 2 像素;Cloth 是在 middlebury 数据集下载的立体图像之一,其 x 方向上平移参数为 22 像素;ST 是真实立体图像之一,由实验室双目立体相机拍摄,其 x 方向上平移参数为 163 像素。

对于文献[13][61][63][64][66][69]中的方法及我们的方法的实验结果，表 2.1 给出了时间消耗、精度、均方误差和均方根误差的详细比较。从 Hoge 的方法结果中的黑体字数量可以看出，它对于小位移图像具有较高的精度，并且具有较低的时间消耗。由于 Georgios 的方法在本实验中使用了与 Hoge 的方法相似的核函数，所以 Georgios 的方法的精度与 Hoge 的方法基本一致。但由于本实验中加入了梯度计算步骤，Georgios 的方法的时间消耗比 Hoge 的方法要大一个数量级。文献[69]综述了多种相位相关算法，局部质心（local center of mass，LCM）拟合算法是其中之一。它利用 10 个点拟合亚像素级峰值位置，取得了较好拟合精度。它本身是一种较高效的算法，但为了改进其精度，在实验过程中增加了 SVD 和 cutoff-frequency 算法步骤，这使其时间成本增加。Zhao 的方法采用三点法，以高斯算法拟合峰值位置，且从其时间消耗中可以看出，具有很高的效率。但从图 2.3 可以看出，它的精度不是很稳定。Ren 的方法的主要思想是构造一种高效、高精度的拟合算法。表 2.1 中 Ren 的方法的时间消耗显示其确实具有最高的效率。但在本实验中，它并没有取得较好的相对误差。从表 2.1 可以看出，Xie 的方法对真实像对平移参数估计精度非常高，且具有很好的时间效率。但是从图 2.3 的星号折线可以看出，其稳定性有待改进。从表 2.1 和图 2.3 的菱形黑色折线显示，Our 方法具有很高的精度、第二低的时间消耗。

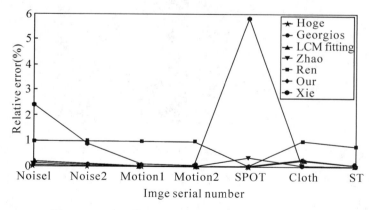

图 2.3 不同图像处理方法在不同场景下的相对误差

图 2.3 给出了 Hoge，Georgios，LCM，Ren，Zhao，Xie 的方法与 Our 方法的相对误差比较；X 轴表示图像名称，Y 轴表示相对误差。该图清晰地表明，无论对合成图像还是真实图像，无论平移参数是亚像素级平移还是大平移，Our 方法的

相对误差都具有较高的稳定性。

表 2.1 Hoge,Georgios,LCM,Ren,Zhao, Xie 与 Our 方法的时间消耗、精度及误差比较

Image	Truth	Hoge		Georgios		LCM		Zhao	
		Result	Time	Result	Time	Result	Time	Result	Time
Nosie1	(1.25,0)	(1.2396,0)	0.04	(1.212,0)	0.1	(1.3638, 0.01)	0.21	(1.0006, 1.75)	0.02
Nosie2	(0.833,0)	(0.8521,0)	0.05	(0.833,0)	0.3	(0.8519,0)	0.19	(0.918, 0.521)	0.04
Motion1	(64,0)	(63.99,0)	0.03	(63.99,0)	0.09	(63.98, 0.07)	0.17	(64.75, 0.03)	0.03
Motion2	(128,0)	(121.88,0)	0.05	(121.87,0)	0.21	(127.95, 0.02)	0.19	(128.05, 0.16)	0.03
SPOT	(2,0)	(2,0)	0.02	(1.99,0)	0.08	(2.01,0)	0.16	(2.68, 0.18)	0.02
Cloth	(22,0)	(27.09, 0.1)	0.74	(26.83, 0.07)	1.41	(21.62, 0.18)	5.4	(21.26, 0.07)	0.34
ST	(163,7)	(158.8, 7.08)	0.96	(154.17, 5.0)	3.02	(163.62, 6.98)	8.01	(163.08, 7.2)	0.34
Error	MSE	(11.512,0.003)		(19.821,0.544)		(0.078,0.006)		(0.235,0.496)	
Error	RMSE	(3.3930,0.0514)		(4.4522,0.7375)		(0.2791,0.0739)		(0.4857,0.7041)	

Image	Truth	Ren		Xie		Our	
		Result	Time	Result	Time	Result	Time
Nosie1	(1.25,0)	(0.0183,0.03)	0.004	(4.23,3.25)	0.03	(1.2523,0)	0.02
Nosie2	(0.833,0)	(0.00,0.03)	0.02	(1.57,0.64)	0.04	(0.8131,0)	0.02
Motion1	(64,0)	(0.04,0.021)	0.03	(67.72,3.66)	0.06	(63.99,0)	0.03
Motion2	(128,0)	(0.03,0.03)	0.03	(129.5,0.49)	0.03	(128.01,0.02)	0.02
SPOT	(2,0)	(1.88,0)	0.03	(13.45,7.6)	0.02	(2.0,0)	0.01
Cloth	(22,0)	(0.11,0.04)	0.03	(21.9,0.03)	0.35	(21.82,0.07)	0.32
ST	(163,7)	(293.9,0.04)	0.06	(162.94,6.94)	0.33	(162.97,6.99)	0.33
Error	MSE	(73.7720,2.6308)		(4.73,3.43)		(0.0696,0.0278)	
Error	RMSE	$(5.4\times10^{3},6.921)$		(22.375,11.768)		$(0.005,7.7\times10^{-4})$	

注:Result 表示估计的平移参数,Time 表示时间消耗,单位为 s,MSE 表示均方误差,RMSE 表示均方根误差。

从表 2.1 的实验结果可以看出,Our 方法在 x 方向上的 RMSE 仅为 0.005,这清楚地表明,与目前主流相位相关方法相比,Our 方法在精度上具有一定的优

势。从表 2.1 的最后一列和图 2.4 的黑线可以看出,Our 方法在时间消耗上也存在一定的优势。然而,从图 2.3 菱形黑色折线和表 2.1 的 RMSE 可知,无论对合成图像还是真实图像,无论是大偏移还是亚像素级偏移,Our 方法在准确度上都具有很强的稳定性。注意,本书选择了一种非常快速的相位相关算法 Ren 的方法作为比较方法,能够快速估计匹配参数。但从图 2.3 的正方形折线可以看出,在本实验中,Ren 的方法在高精度视差估计方面的稳定性存在欠缺。同时,我们尝试通过主成分分析(principal component analysis,PCA)代替均值法来减少参数维数,以提高算法精度,但在本实验中,仍然没有得到很好的结果。

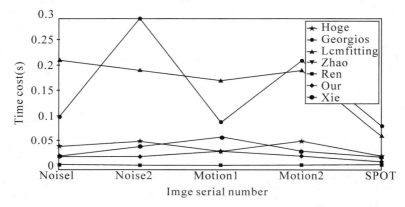

图 2.4　Hoge,Georgios,LCM,Ren,Zhao,Xie 与 Our 方法的时耗对比

综上可知,为给高精度三维重构计算系统提供一套更稳定高效的算法,构建更稳定高效的平移参数估计方法、高能效计算架构及微分曲面约束超分辨率计算模型等,是笔者正在进行的工作。

2.4　小结

本章通过反比函数及权重函数的构造和设计,建构了一种基于权重的相位相关峰拟合算法,与目前主流方法相比,该方法具有以下三个优点:第一,与多点拟合方法相比,该方法只需要三个点即可估算出一个亚像素级峰值位置,减少了计算量;第二,基 $\delta(x)$ 函数能量对称分布特性,权重算法能够帮助反比函数更稳定地定位峰值位置;第三,相位相关相位差信号能量主要集中在峰值点,如果采用太多峰值点以外的点作为拟合阵列,则峰值拟合算法的精度会受到旁瓣噪声的影响。实验结果表明,该算法存在一定的现实意义。

第 **3** 章

基于层次化及最小二乘的精确图像配准算法

3.1 研究现状

  图像配准是计算机视觉的基础[74-75]，如人像识别、跟踪定位以及三维重建等。图像配准的关键步骤是寻找到待配准像对的几何变换参数。因此，为了精准估计变换参数，在长期的图像配准研究过程中渐渐形成了两种主要配准方法：一种是基于特征点的图像配准方法；另一种是基于区域的图像配准方法。

  基于特征点匹配的算法仅仅使用特征点对待配准图像对进行变换参数估计。对特征点的描述，Lowe 等[11] 提出了尺度不变特征变换算法（scale invariant feature transform，SIFT），该方法对尺度及旋转具备很强的忍耐度。为了进一步提高 SIFT 算法的鲁棒性，许多增量性的算法被提出来，例如 PCASIFT（principal components analysis SIFT）[76]、ASIFT（affine invariant SIFT）[77] 和 PSIFT（perspective invariant SIFT）[78] 等。但 SIFT 算法还是存在计算效率不高的问题。为了提高尺度不变特征变换算法（如 SIFT）的效率，Bay 等[79] 提出了加速鲁棒的特征点描述算法（speeded up robust features，SURF）。随后，SURF 算法很快被应用到图像配准中，如文献[80]中的方法。上述方法仅仅是对局部特征进行描述，因此它们对配准存在形变及遮挡的图像对具有较大的优势。然而，这些方法仅仅能够有效地配准含有足够多特征点的待匹配图像对[81]。当对那些含有较少细节或弱纹理信息的待匹配图像对（如医学图像）进行配准时，它们的一个共同弱点是很难检测到足够的配准点。

  基于区域的图像配准方法，使用整幅图像或者整个区域的信息对图像进行配准，比如基于互信息（mutual information）的图像配准算法[82]、均方（mean square)的图像配准算法[83]以及傅里叶变换(Fourier transforation)的图像配准方法[40]等。在这些方法中,由于傅里叶变换的图像配准方法存在相关峰明显、计算效率高、对噪声不敏感以及平移不变性等特点,使其成了一种流行的图像配准方法。在基于傅里叶变换的图像配准方法中,当配准问题仅仅涉及平移变换时,可以使用相位相关方法完美地估计变换参数,但单一的相位相关算法无法准确地估计尺度和旋转参数。融合相位相关算法与对数极坐标变换,Reddy 和 Chatterji[84]提出了基于对数极坐标映射的傅里叶变换算法。由于 LPMFT 存在尺度、旋转和平移不变性的特性,因此很快成了图像匹配方法中的一种流行方法。它利用相位相关算法在对数极坐标中获取峰值位置来估计平移参数(根据傅里叶梅林图像配准可知对数极坐标的峰值位置在笛卡尔坐标中可以被看作缩放和旋转参数)。但是,最近的研究[66]表明,经典的 LPMFT 无法有效处理包含巨大相似变换的待配准像对,而且实验表明相关峰随旋转和规模的扩大显著降低。我们的实验结果也表明,对于像素大小为 256×256 的一对待配准图像对,当它们的尺度和旋转角度分别大于 1.8 和 0.5π 时,其相位相关峰值可能低于 0.03,这种情况下通常会导致误配准的发生。此外,经典 LPMFT 配准精度很容易受到频谱泄漏、混叠以及插值误差等因素的影响。

为了解决这些问题,在本章中,笔者引入了多层次配准框架,提出了基于层次化及最小二乘图像配准算法(图 3.1)。在该算法中,首先,通过小波变换提取低频部分,并构建多层框架。其次,在每个层次中,采用改进的 LPMFT 来减少频谱泄漏、混叠效应以及插值误差等因素的影响,并获得一组关于尺度、旋转和平移参数的参数集。最后,构造一个代价函数,通过最小二乘的优化算法对其进行求解,从而获取最优的配准参数。通过上述过程,提出的新方法强有力地保证了图像配准的精度和鲁棒性。

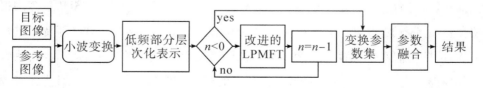

图 3.1　基于层次化及最小二乘图像配准算法的流程

3.2　基于层次化及最小二乘图像配准

本节将详细介绍层次化最小二乘图像配准算法。图 3.1 展示了基于层次化及最小二乘图像配准算法的流程。

3.2.1　基于小波分解的层次化划分

为了获得每个图像的多分辨率低频序列,本节采用小波分解方法[85]对图形进行层次化构建。通过对待配准图像对序列的构建,单纯的图像匹配被转换为相应分辨率层次的两个序列的匹配。经过一轮小波分解后,图像被分解成四个部分,它们分别被标记为 LL、LH、HL、HH,其中 L 和 H 分别代表低频和高频。接下来,继续在低频部分 LL 执行小波分解。

在每个分辨率层次,低频部分 LL 与原始输入图像最为接近[86]。然而,边界产生的高频率信息会导致大量的混叠噪声,而平滑的边界消除了大部分的高频能量,这大大降低了混叠噪声的影响,同时增加了相位相关的配准质量[87]。值得注意的是,低分辨率层只提供了一个简单的图像表示,随着层次的增加,图像细节信息会被逐步加到高分辨率层。通过多分辨率分析,尤其是对不同分辨率层次的匹配结果的最优化融合,使得匹配结果变得更加精确,且对噪声变得更加鲁棒。

3.2.2　对数极坐标傅里叶变换改进

下面将对 LPMFT 算法的改进进行详细介绍。首先,给出我们提出的方法与文献[84]中方法的不同之处,同时指出传统 LPMFT 存在的问题。其次,详细介绍改进 LPMFT 及其理论推导过程。

众所周知,大形变可能会导致有用匹配信息的减少或引入未知的干扰信息。为了减小变换参数估计受到大形变的干扰,我们提出的方法是在频率域中对待配准图像对进行对数极坐标变换,而文献[84]中的方法是在空间域对待配准图像对进行对数极坐标变换。因此,后一种方法不可避免地会受到来自空间域的干扰。值得注意的是,我们提出的方法可以同时容忍大尺度、大旋转以及大平移变换。另外,我们提出的方法还可以对真实图像对进行配准。

为了说明大尺度、大旋转以及大平移的影响,我们以 Lena 图像对的互相关图谱为例[目标图像是在 Lena 图像中截取并经过形变后的 Lena 子图像,其形变参数位于图 3.2(a)～(d)的顶部]。我们在实验的基础上发现,当配准存在大形变的图像对时,LPMFT 会遭受峰值问题,如伪峰值或歧义峰值[参看图 3.2(a)(b)的峰值]。由此而知,缩放和旋转会产生附加的混叠效应,造成图谱系数恶化。

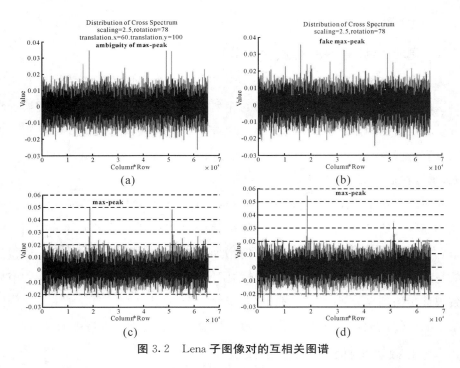

图 3.2　Lena 子图像对的互相关图谱

注:图 3.2(a)(b)表示 LPMFT 的互相关图谱根据图像长宽值进行一维映射后的一维图谱；图 3.2(c)(d)表示改进的 LPMFT 的互相关图谱根据图像长宽值进行一维映射后的一维图谱。需要注意的是,图 3.2(a)～(d)上方的文字是关于目标图像的形变参数(这里使用的是 Lena 图像)。

　　针对这个问题,我们提出了 LPMFT 改进方法。本章提出的改进方法是一个简单而又有效的改进,它使得新方法性能明显优于传统方法。它的主要思想是引入一个窗口函数[88]和一个自适应滤波[89]。引入窗函数的主要目的是消除傅里叶变换引起的误差(如频谱泄漏误差及混叠误差)。傅里叶变换图像配准方法中出现的频谱泄漏和混叠误差分别与边界效应和旋转有关[87,90]。众所周知,不同类型的窗口可以减少或消除由边界效应引起的频谱泄漏。从文献[87]中可知,经过窗函数处理的图像对比未经过窗函数处理的图像对表现出更少的混叠误差。文献[88]证明,矩形窗函数及三角形窗函数显示一个大的相位误差,而钟形窗函数对不同相位误差源相当不敏感。此外,Hanning 和 Blackman 窗函数已经证明了它们对配准精度有较强的正向影响[87]。根据我们之前的研究,如文献[13-14][67],以及实践经验,我们选择 Hanning 窗函数来减小频谱泄漏和混叠误差的影响。另外,为了减轻低频分量引起的插值误差的影响,当处理大形变图像时,自适应滤波技术和直方图均衡化被用来去除低频分量。通过这些措施,改进 LPMFT 方法不仅提高了图像对的相关性,而且还有效地减小了频谱泄漏、混叠误差和插补误差的影响[请参见图 3.2(c)(d)的最大峰值]。

下面,我们将对改进 LPMFT 理论推导过程进行详细的描述。假设 $f(x,y)$ 和 $g(x,y)$ 分别为存在大尺寸、大旋转及大平移的待配准图像对。在傅里叶变换之前,首先对图像对进行窗函数加权(这里我们使用 Hanning 窗对图像进行加权),窗口函数定义为如下:

$$\omega(x,y) = \frac{1}{4}\left\{\left[1 - \cos\left(2\pi\frac{x}{X}\right)\right]\left[1 - \cos\left(2\pi\frac{y}{Y}\right)\right]\right\} \tag{3.1}$$

其中,$0 \leqslant x \leqslant X$,$0 \leqslant y \leqslant Y$,$X$ 和 Y 分别是图像的长宽。然后,对窗函数加权图像定义如下:

$$\begin{aligned} f_\omega(x,y) &= f(x,y)\omega(x,y) \\ g_\omega(x,y) &= g(x,y)\omega(x,y) \end{aligned} \tag{3.2}$$

其中,$\omega(x,y)$ 是二维 Hanning 窗函数。

对图像 $f_\omega(x,y)$ 以及图像 $g_\omega(x,y)$ 进行傅里叶变换后,它们可以分别被表示为 $F(u,v)$ 和 $G(u,v)$。结合傅里叶平移理论与几何变换理论(这里我们使用的几何变换是相似变换),我们可以获得 $F(u,v)$ 与 $G(u,v)$ 之间的相位平移关系,其定义如下:

$$G(u,v) = \exp\left\{-\mathrm{j}\varphi_g(u,v)\frac{1}{\sigma^2}|F(a,b)|\right\} \tag{3.3}$$

其中,$a = \dfrac{-u\cos\theta_0 + v\sin\theta_0}{\sigma}$,$b = \dfrac{-u\sin\theta_0 + v\cos\theta_0}{\sigma}$,$\sigma$ 和 θ_0 表示尺度和旋转,$\varphi_g(u,v)$ 是 $g_\omega(x,y)$ 的相位平面方程(通常平移参数可以通过这个相位平面方程进行估计)。

然后,为了估计尺度和旋转参数,图像对 $f_\omega(x,y)$,$g_\omega(x,y)$ 的傅里叶变换 $F(u,v)$,$G(u,v)$ 需要分别被转换成量级 M,M' 表示,其定义如下:

$$M'(u,v) = \frac{1}{\sigma^2}M(a,b) \tag{3.4}$$

其中,$a = \dfrac{-u\cos\theta_0 + v\sin\theta_0}{\sigma}$,$b = \dfrac{-u\sin\theta_0 + v\cos\theta_0}{\sigma}$,$\sigma$ 和 θ_0 分别表示尺度和旋转。

在式(3.4)中,我们忽视 σ^2 后可以看出,M 和 M' 仅仅存在尺度和旋转差异。为了估计尺度及旋转参数,图像对 $f_\omega(x,y)$,$g_\omega(x,y)$ 的傅里叶级数必须转换到对数极坐标。在对数极坐标转换之前,傅里叶级数应该乘以一个自适应滤波函数 $H(u,v)$,如式(3.5)所示:

$$M_H(u,v)=M(u,v)H(u,v)$$
$$M'_H(u,v)=M'(u,v)H(u,v)$$
$$(3.5)$$

其中,$a=\dfrac{-u\cos\theta_0+v\sin\theta_0}{\sigma}$,$b=\dfrac{-u\sin\theta_0+v\cos\theta_0}{\sigma}$,$\sigma$ 和 θ_0 分别表示尺度和旋转,H 是 LMS 自适应滤波函数(它类似于文献[89]的方法,是一个最简单的自适应方法之一,且易于分析和执行。但是,这里没有列出其数学推导。感兴趣的读者可以在文献[89]中参看更多的推导步骤)。

然后,为了构造关于旋转参数的相位相关等式,需将 M_H,M'_H 分别转换到极数表示 P,P',如式(3.6)所示:

$$P'(\theta,\rho)=\frac{1}{\sigma^2}P\left(\theta-\theta_0,\frac{\rho}{\sigma}\right)$$
$$(3.6)$$

其中,θ 和 ρ 是极坐标的坐标轴。为了通过相位相关估计尺度参数,对数变换被应用到极数 P,P',然后获得对数表示 L,L',如式(3.7)所示:

$$L'(\theta,\log\rho)=\frac{1}{\sigma^2}L(\theta-\theta_0,\log\rho-\log\sigma)$$
$$(3.7)$$

基于先前的分析,联合式(3.7)和相位相关算法,我们可以估计旋转和尺度参数 θ_0,σ。解得旋转和尺度参数 θ_0,σ 后,这里仅仅存在平移差异。再次使用相位相关估计平移参数。注意,这里可能存在旋转因素 θ_0(或 $\theta_0+\pi$)的模糊性。为了解决这个问题,考虑两种可能的旋转,我们选择其中相位相关峰值更高的作为旋转参数。

为了进一步说明改进 LPMFT 方法的有效性,我们展示了另一个关于傅里叶频谱的比较(图 3.3)。根据窗函数理论,我们知道尺度变化越大,越多有效的频率成分会集中到低频部分[参见图 3.3(b)的中心部分]。因此,这里不太可能使用高通固定截断频率滤波器,因为有用的频率信息可能被滤掉。在本章中,我们采用了 LMS 自适应滤波,其可以根据低频成分的比例调整截止频率。值得注意的是,图 3.3(c)是通过 Hanning 窗函数获得的频谱图像。比较图 3.3(d)和图 3.3(e),可以很明显看出频谱泄漏、混叠效应以及内插误差的影响得到了有效缓解。

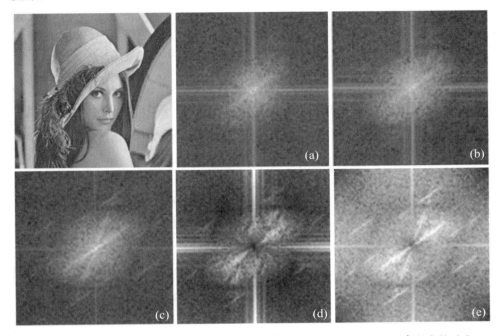

（a）是 Lena 图像的傅里叶频谱；（b）是经过 $\theta=160°,\sigma=30,x=100,y=100$ 参数变换后 Lena 图像的傅里叶频谱；（c）是加了窗函数后图像的傅里叶频谱；（d）是图像（b）经过固定截断频率滤波后图像的傅里叶频谱；（e）是图像（c）经过自适应截断频率滤波后图像的傅里叶频谱。

图 3.3　Lena 的原图像及其傅里叶频谱图像

3.2.3　多层配准信息的最优化融合

　　本小节的目的是寻找到最优的配准参数。首先，根据改进 LPMFT 方法对每一个分层进行参数估计，得到变换参数集。其次，利用基于距离的离群点检查算法除去那些离群参数点的影响。最后，使用最小二乘拟合方法来获得最优化逼近。假设在多层图像序列中使用改进 LPMFT 方法进行参数求解后获得了四组变换参数：

$$\theta=\{\theta_i \mid i=n,\cdots,1,0\},\sigma=\{\sigma_i \mid i=n,\cdots,1,0\}$$
$$x=\{x_i \mid i=n,\cdots,1,0\},y=\{y_i \mid i=n,\cdots,1,0\} \tag{3.8}$$

其中，n 表示小波分解的层数。值得注意的是，在求得变换参数集后，我们发现小波分解层数 n 与四组变换参数集的关系能被分别转换成一个线性关系。

　　为了去除四组变换参数集中的离群点，我们引入了一个基于欧氏距离的离群因子。首先,我们假设存在两个维度为 d 的数据集 $S=\{S_1,S_2,\cdots,S_d\}$ 和 $T=\{T_1,T_2,\cdots,T_d\}$。根据欧氏距离求解方程,S 和 T 的相似性可以定义如下:

$$dist(S,T)=\sqrt{\sum_{i=1}^{d}(S_i-T_i)^2} \tag{3.9}$$

然后,为了检测离群点,结合式(3.9),我们定义另外一个函数,如式(3.10)所示。假设 D 是一个具有已知参数 k 和 S_0 的数据集。我们设置 k 是 S_0 的邻近点的数量,且点 S_0 是我们要寻找的离群点。所以,S_0 的离群因子可以定义为 S_0 与它 k 个邻近点的平均距离。因此,离群因子定义如下:

$$D(S_0)=\frac{1}{k}\sum_{i=1}^{k}dist(S_0,T_i),T_i\in N(S_0) \tag{3.10}$$

其中,$N(S_0)$ 是 D 的一个子集,它包含 S_0 的 k 个邻近点。因此,$D(S_0)$ 的值越大,点 S_0 就越有可能是离群点。

最后,基于式(3.10),我们获得四组新的不含离群点的变换参数集。因此,根据上述变换参数集 θ,σ,x 以及 y,新的变换参数集可以定义如下:

$$\theta'=\{\theta'_i\mid i=m,\cdots,1,0\},\sigma'=\{\sigma'_i\mid i=m,\cdots,1,0\}$$
$$x'=\{x'_i\mid i=m,\cdots,1,0\},y'=\{y'_i\mid i=m,\cdots,1,0\} \tag{3.11}$$

在得到新的变换参数集后,我们采用最小二乘法[91]来求解最佳逼近函数。之所以使用最小二乘法进行优化,是出于以下两点考虑:一是它能够通过对其他函数进行加权求和来最优化地拟合给定函数(它是通过评判原始函数与逼近函数之间的最小平方差值来获得近似函数的质量)。二是,最小二乘法也是最简单且最有效的优化分析方法之一。

为了找到最优化逼近方程 $f_R(i)$(对应每一组变换参数的目标函数),我们构建了一个目标代价函数 $C(f)$,其定义如下:

$$C(f)=\sum_{i=0}^{m}\mid f_R(i)-R_i\mid^2 \tag{3.12}$$

其中,R_i 表示四组参数 $\theta_i,\sigma_i,x_i,y_i$ 中的任意一组。由于逼近函数是一个常数方程,在 $f_R(i)$ 中,我们设置 $i=0$,因此,通过 MRLSO 获得的一组向量就被视作最后的匹配结果。

3.3 实验结果及比较

本节将对我们提出方法的准确性和鲁棒性进行评估。为了实现这一目标,多种类型的图像(从人工场景到自然场景的图像)被用来进行配准实验。此外,为了进行试验对比,我们复现了许多相关方法,如传统 LPMFT 方法[84]、小波分解层次化的互信息图像配准方法[82]和均方差图像配准方法[83],以及基于 SURF 的方法[80]。所有的实验都是在 MATLAB 2013a 上进行,硬件环境是基于 AMD 速龙 ii 处理器,内存为 2 GB。

3.3.1　人工模拟图像实验结果及比较

为了说明我们提出方法的准确性,我们在人工模拟图像上进行配准实验。为了从 Lena 图像中获取人工模拟图像,我们根据设定的形变参数值,通过 MATLAB 程序对参照图像 Lena 进行人工截取,并获取实验所需的待配准图像。测试结果如图 3.4 所示。

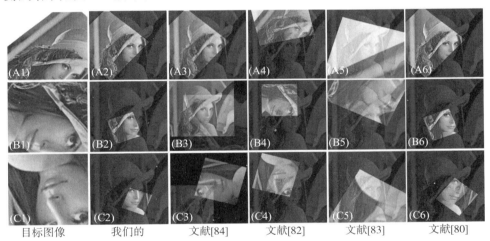

| 目标图像 | 我们的 | 文献[84] | 文献[82] | 文献[83] | 文献[80] |

(A1)(B1)(C1)是 MATLAB 程序根据不同变换参数截取的三种 Lena 图的子图像;(A2)(B2)(C2)是 MSLO(我们的方法)的配准结果;(A3)(B3)(C3)是文献[84](传统 LPMFT)的配准结果;(A4)(B4)(C4)是文献[82]的配准结果;(A5)(B5)(C5)是文献[83]的配准结果;(A6)(B6)(C6)展示的是文献[80]的配准结果。

图 3.4　一组人工模拟图像对的配准结果

从图 3.4(A2)～(A6)可以清楚地看到,我们提出的方法与文献[82][84]能够获得一个很好的融合结果。然而,文献[82][83]不能完美地融合图像对。根据我们的测试结果,这两种方法没有取得较好配准结果的原因很有可能是这两种方法对互信息(mutual information)比较敏感,以及平移和尺度变换导致待配准图像对丢失了很多互信息。因此,如果待配准图像对能够提供足够的互信息,那么文献[82][83]可能会获得一个准确的配准参数,尤其是文献[82]。随着变换参数值的增加,从图 3.4(B2)~(B6)和图 3.4(C2)~(C6)的实验对比中我们能够看出,文献[82-84]仍然没有获得很好的配准结果。然而,我们提出的方法与文献[80]中的方法能获得一个满意的结果。图 3.4(C6)表明文献[80]没有一个很好的结果。其主要原因是,SURF 算法对弱纹理和人造尺度变换造成的插值误差比较敏感。由于这些原因,对于这些类型的图像对,SURF 算法无法检测到足够多的且能够用于变换参数估计的特征点。因此,在这种情况下,我们提出的方法能够得到比文献[80]中的方法更好的结果。

表 3.1 列出了变换参数的真值,并给出了我们的方法与文献[80][82-84]中的方法的数值比较。

表 3.1 我们的方法与文献[80][82-84]中的方法的数值比较

名称	真值	估计				
		我们的方法	文献[84]中的方法	文献[82]中的方法	文献[83]中的方法	文献[80]中的方法
(x,y)	(56,68)	(56,68)	(55,68)	(43.8,3.4)	(52.0,26.1)	(56,68)
	(94,78)	(94,79)	(167,75)	(43.0,15.7)	(−10.9,74.0)	(94,78)
	(130,110)	(131,112)	(0,132)	(24.1,−17.1)	(104.6,62.8)	(131,111)
θ	47.6800	47.8125	47.8125	15.3573	54.8828	47.6800
	110.000	109.8969	165.3861	−0.4127	−64.7369	110.000
	160.000	160.3125	90.0000	14.6809	30.6000	158.000
σ	1.3500	1.3573	1.3494	1.6000	0.7220	1.3500
	2.8200	2.8092	1.0000	2.1830	1.1272	2.8200
	3.5000	3.4885	1.0000	1.9800	1.1411	3.1000

名称	真值	误差				
		我们的方法	文献[84]中的方法	文献[82]中的方法	文献[83]中的方法	文献[80]中的方法
(x,y)	(56,68)	(0,0)	(1,0)	(12.2,64.6)	(4.0,41.9)	(0,0)
	(94,78)	(0,1)	(73,3)	(51,62.3)	(104,9.5)	(0,0)
	(130,110)	(1,2)	(110,22)	(105.9,127.1)	(25.4,47.2)	(1,1)
θ	47.6800	0.1325	0.1325	32.3227	7.2028	0
	110.000	0.1031	55.3861	110.4127	174.7369	0
	160.000	0.3125	70.0000	145.3191	129.4000	2.0
σ	1.3500	0.0073	0.0006	0.2500	0.6280	0
	2.8200	0.0108	1.8200	0.6370	1.6928	0
	3.5000	0.0115	2.500	1.5200	2.3589	0.4

从表 3.1 可以看出,我们的方法与文献[80]中的方法的变换参数值精度很高、误差较小,然而文献[82-84]却只有一个混乱的配准结果。这是因为我们的方法包含窗口函数、自适应滤波和直方图均衡化,以及通过层次化最优化逼近以后可以大大抑制大旋转、大尺度变换的影响。因此,从表 3.1 列出的测试数据,我们可以做一个推论:当 $\sigma=3.5$ 时,MLSO 仍然有效。

3.3.2 真实图像实验结果及比较

为了进一步检测新方法的性能,在本小节中,将我们的方法与对比方法(文献[80][82-84]中的方法)在两组真实图像集上进行了测试:一组是存在大形变的真实待配准图像对,另一组是存在形变和遮挡的真实待配准图像对。值得注意的是,由于缺乏标准的测量设备,拍摄时并没有记录真实的变换参数。但是,这并不影响新方法与对比方法的性能比较。

对于第一组测试图像,图 3.5 展示了存在大形变图像对的实验结果。这些存在大形变图像对是通过不同的拍摄过程取得的:图像对图 3.5(A1)(A2)是在不同的视角点、小变焦和大旋转的情况下拍摄的;图像对图 3.5(B1)(B2)是采取了不同的视角点,在大光学变焦、大平移和轻微旋转的情况下拍摄的;图像对图 3.5(C1)(C2)是在不同的视角点、大平移、小变焦和小幅旋转的情况下拍摄的;图像对图 3.5(D1)(D2)是在不同视角点、大光学变焦和微小旋转的情况下拍摄的。我们的方法与对比方法的测试结果分别显示在图 3.5(A4)(B4)(C4)(D4)、图 3.5(A3)(B3)(C3)(D3)、图 3.5(A5)(B5)(C5)(D5)、图 3.5(A6)(B6)(C6)(D6)和图 3.5(A7)(B7)(C7)(D7)。从图 3.5(A3)~(A7),(C3)~(C7)和(D3)~(D7)的对比中我们可以看出,对于弱纹理图像对,文献[80][82-84]中的方法都不能获得满意的结果,而我们提出的方法得到了一个较为准确的结果。这是因为弱纹理图像对不能为局部特征检测算法及互信息算法提供足够的配准信息,如文献[80][82-83]中的方法。从图 3.5(B3)~(B7)的实验结果可以看出,我们提出的方法和文献[80][82]中的方法能够取得比文献[83-84]中的方法更好的结果。这也清楚地表明,如果图像能够提供足够的匹配信息,大多数方法(包括我们的方法和文献[80][82]中的方法)都能够估计出准确的变换参数。因此,图 3.5 展示的结果表明,与文献[80][82]中的方法相比,我们的方法在弱纹理图像对或者含有大形变图像对的情况下具有一定优势。

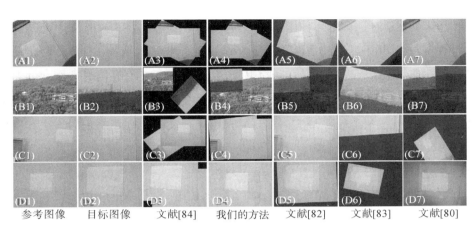

| 参考图像 | 目标图像 | 文献[84] | 我们的方法 | 文献[82] | 文献[83] | 文献[80] |

图 3.5　我们的方法与对比方法在对存在大形变及遮挡的真实图像
对进行配准实验后的匹配结果

其中,图 3.5(A1)(A2),(B1)(B2),(C1)(C2)和(D1)(D2)代表待配准原始
图像对;图 3.5(A3)(B3)(C3)(D3)和(A4)(B4)(C4)(D4)分别表示文献[84]中
的方法(传统 LPMFT)及我们提出的方法的配准结果;图 3.5(A5)(B5)(C5)
(D5)表示文献[82]中的方法的配准结果;图 3.5(A6)(B6)(C6)(D6)表示文献
[83]中的方法的配准结果;图 3.5(A7)(B7)(C7)(D7)表示文献[80]中的方法的
配准结果。

对于第二组测试图像,图 3.6 展示了存在变换和遮挡图像对的测试结果。我
们从图 3.5(A2)中部移除一个 30×30 像素的矩形区域,把图 3.6(A1)和(A2)图
像对作为一组人工遮挡图像对进行算法性能测试,将人体肺部 CT 扫描图像对图
3.6(B1)和(B2)作为图像对进行算法性能测试(测试图片取自同一 CT 传感器、同
一病人)。图像对图 3.6(C1)(C2)是非人工遮挡图像对,它是在一个存在旋转视
角、第二个拍摄视点白纸上放置一个药盒的情况下拍摄的,该图像对利用药盒造
成一个遮挡环境。图像对图 3.6(D1)(D2)也非人工遮挡图像对,是在雨天拍摄
的,图像对存在大旋转和缩放变换,且在拍摄第二张图片时有三人路过,对待配准
图像造成了一定的遮挡。图 3.6(A4)~(D4),图 3.6(A3)~(D3),图 3.6(A5)~
(D5),图 3.6(A6)~(D6)和图 3.6(A7)~(D7)分别展示了我们提出的方法和对
比方法的实验结果。图 3.6(A3)~(D7)表明我们提出的方法获得了一个好的结
果,而文献[80][82-84]中的方法没有获得准确的参数。类似地,图 3.6(A3)~
(A7),图 3.6(C3)~(C7)和图 3.6(D3)~(D7)展示了弱纹理图像不包含更多的

局部特征点互信息。肺部影像图 3.6(B3)～(B7)的测试结果表明,除了文献[80][84]中的方法,几乎所有的方法都得到了较好的结果,主要是由于肺的变化使得其 CT 图像存在遮挡现象,且肺部的 CT 影像的边缘存在模糊信息。图 3.6(C3)～(C7)给出了当图像对包含自然遮挡时各方法的测试结果。在本实验中,图像对提供了丰富的局部特征点和互信息的方法,使得文献[80][82]中的方法和我们的方法可以减小旋转和遮挡的影响,并获得良好的配准结果。显然,文献[83-84]中的方法无法抑制旋转和遮挡的影响。从图 3.6(D3)～(D7)可以看出,我们的方法和文献[80]中的方法取得了很好的配准结果。由于遮挡、尺度和旋转等因素的影响,文献[83-84]中的方法仍然无法给出一个良好的配准输出。由图 3.6(C5)可知,文献[82]中的方法具有一定的抗遮挡、旋转能力。然而,由图 3.6(D5)可知,当存在尺度及旋转变换时,我们的方法不能很好地处理这样的图像对。

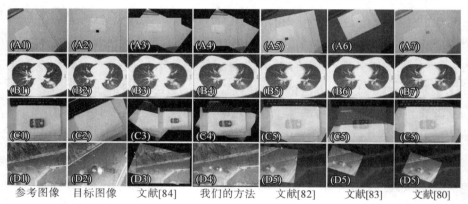

（A1）（A2）,（B1）（B2）,（C1）（C2）和（D1,D2）代表待配准原始图像对;

（A3）～（D3）和（A4）～（D4）分别表示文献[84]（传统 LPMFT）及我们提出的方法的配准结果;

（A5）～（D5）表示文献[82]中的方法的配准结果;（A6）～（D6）表示文献[83]中的方法的配准结果。

（A7）～（D7）表示文献[80]中的方法的配准结果。

图 3.6　我们的方法及对比方法对存在大变换及遮挡的真实图像对进行配准实验后的匹配结果

上述实验表明:文献[84]中的方法能够处理小变换的图像对;如果待配准图像对能提供足够的互信息,则文献[82]中的方法能够获得很好的配准结果,与文献[84]和[83]中的方法只处理小变换的图像对相反;文献[80]中的方法有能力取得比我们提出的方法更好的配准结果,但它不能很好地处理弱纹理和存在大尺度变换的图像对。因此,在这种情况下,我们提出的方法可以得到一个比文献[80]中的方法更好的配准结果。总之,从实验结果可以看出,我们的方法不仅在处理存在大变换参数的图像对时存在鲁棒性,而且在处理微小视角、遮挡及弱纹理条件下的图像对时也具备一定的优势。

3.4 小结

在本章中,针对存在大尺度、大旋转及大平移变换待配准图像对的全局配准问题,我们构建了一个新的多分辨率配准算法。我们提出的方法的鲁棒性与准确性主要得力于多分辨率序列、LPMFT 改进方法以及最小二乘最优化逼近的协同作用。实验结果及理论推导表明,该方法具备处理大尺度、大旋转和大平移变形图像对的优点,也能够处理在相似视点、遮挡和弱纹理等条件下的真实图像,具有一定的现实意义。

第4章
自适应层次化的无人机航拍
影像高精度视差估计算法

4.1 引言

从立体图像中估计场景表面的深度信息是摄影测量中的关键问题之一[92]。无人机(unmanned aerial vehicle,UAV)是一种方便的地形观测装置,可以被应用于航空摄影领域,如文献[93-94]中,由于镜头之间的时间帧可能只有几秒钟,因此,凭借无人机的速度优势,它可以获得较小 B/H(基高比)的准同步视图(其中 B 是连续视点之间的基线距离,H 是无人机携带摄影相机相对于地面的高度)[92][95]。相对于卫星图像,无人机影像的另一个优点是,它受到照明及时间变化的影响较小。也就是说,无人机采集的连续图像具有较小基高比、较低的遮挡度和较低的光照变化的优势,可以形成良好的立体图像对。

相位相关是基于傅里叶变换理论的算法:在空间域中的两个相似图像之间的平移,在傅里叶频域空间表现为它们傅里叶变换(Fourier transforms,FTs)之间的线性相位差[40]。它可以用来从一个立体图像对中提取稠密视差图,如文献[13][96]。在文献[96]中,报告相位相关的精度已达到 1/50 像素。因此,相位相关很适合窄基线(较小 B/H)无人机立体图像的稠密视差图提取。然而,即使这些图像满足小的基高比、低遮挡和低照度变化等条件,固定窗口相位相关算法也很难充分揭示山地无人机航测影像的场景结构。

Liu 和 Yan 等[97]宣布相位相关窗口的大小是基于对窗口大小与处理效率及平移测量精度之间关系的一系列实验所决定的。一方面,如果窗口太小,则图像不包含足够的强度信息,PC 将无法准确地提取大视差。另一方面,要提取大视差,最传统的方法是扩大窗口大小。然而,大窗口不仅使 PC 很难揭示局部视差,同时会导致边界问题,而且也会增加 PC 的时间消耗。因此,为了估计可靠的视差,匹配窗口必须足够大以包含足够数量的强度信息,但也要足够小,仅包含具有相同视差值的像素点。之所以要提高不同尺寸窗口的需求,是因为大尺寸窗口会模糊场景的边界,而小窗口在弱纹理区域求解的结果不是最可靠的[98]。

针对这些问题,本章提出了一种层次化自适应相位相关架构。我们的主要思想是联合使用 PC 算法、平移策略、多窗口方法以及阈值方法来分层和自适应地从山区无人机连续航拍影像中提取高质量视差图。首先,通过初始化窗口 PC 算法来提取先验视差。同时,通过初始化窗口的 Dirichlet 函数[43,99]峰值来获取可靠性阈值。其次,层次化自适应 PC 架构的层次被用来提取每个像素的视差。它主要包含三个步骤:第一步,根据先验视差的指导,在目标图像中将匹配窗口移到新的配准位置;第二步,根据窗口变化策略缩小窗口大小;第三步,缩小窗口后的 PC 算法在新的配准位置上对每个像素的视差进行估计。这里,可靠性阈值首先用于评估视差的可靠性,同时终止低可靠性视差像素点的视差更新。最后,整个架构被嵌入一个迭代过程,自适应地更新每个像素的视差,直到它收敛或达到确定的最大迭代次数。

特别地,本章提出的方法主要贡献如下:

(1)提供了一种层次化自适应 PC 算法来估计无人机连续航拍影像的视差信息,且估计出的视差图质量优于现有主流方法,尤其针对山地区域无人机航拍图像视差图求解优于现有主流方法。

(2)通过引入多窗口方法,层次化自适应 PC 算法有效地减小了边界效应及对弱纹理区域的影响。

(3)提出了基于 Dirichlet 函数的峰值阈值方法,它能够有效减少急剧变化区域(如河流区域)的影响。目前,还没有相关文献对采用 Dirichlet 函数的峰值方法对每个视差的可靠性做过专业评估。

4.2 相关方法介绍

本节将对与本章密切相关的方法进行详细介绍,如相位相关配准方法、变窗口方法、多分辨率层次化方法及平移方法等。

4.2.1 相位相关配准方法

相位相关配准方法的目标是准确地估计两个图像块或图像之间的平移参数。

Hoge[61]用奇异值分解(singular value decomposition,SVD)找到相位相关矩阵的主导低秩子空间,并在傅里叶空间直接确定图像对亚像素平移参数。Stone 等[43]提出了一种基于傅里叶的亚像素精度的方法来对立体图像对进行快速匹配。它预测混叠效应如何影响傅里叶变换之间的相位关系。Foroosh 等[100]集中于将粗略配准图像对细化到亚像素精度。基于相位相关配准算法的亚像素检测优点,Liu 等[96]提出了一种精确的亚像素视差估算方法,该方法非常适用于提取具有非常窄的基线距离的图像对的稠密视差图。为了完成三维重建,刘怡光等[13]给出了基于 PC 算法的主方向方法,该方法通过归一化每个像素的视差值来构建,然后将每个像素的视差投影到主方向,经过投影运算得到最终的视差。

然而,当 PC 算法已经应用到密集的立体匹配时,大多数方法仍采用固定窗口对立体像对视差值进行估计,如文献[13][96],其精度通常受固定窗口的影响。在本章中,我们融合变窗口方法与 PC 算法来解决这个问题。

4.2.2　变窗口方法

从技术特点上讲,变窗口方法可分为两种:一种为自适应窗口方法;另一种为多窗口方法。

1.自适应窗口方法

自适应窗口方法的目的是自适应地对每个像素点搜索出一个最佳的窗口来进行视差估计。Kanade 等[101]利用统计高斯模型来评估图像强度和视差的局部变化,然后通过迭代方法来寻找最佳配准窗口。然而,这种方法是非常依赖初始视差的。Veksler 提出了两种方法来搜索最佳窗口[102-103]:一是使用最小比率循环算法寻找最优窗口;二是构建了一个窗口代价函数,该方法通过比较不同尺寸大小的窗口来寻找最优窗口,且效果非常好。虽然这些想法非常好,但是它们不是不够高效,就是对参数设置较为敏感。Jeon 等[104]提出一种自适应多窗口方法可以从彩色和灰度立体图像中提取稠密视差图,并引入了窗口映射指示多窗口中哪个窗口是最好的。Boykov 等[105]描述了一种有效的方法,它在固定像素上计算每个假设强度的不同窗口,并且每个窗口是连接固定像素的像素连通集,并且可以是任意形状的。Yoon 等[106]提出了一种局部自适应支持权值方法,利用颜色相似度和几何邻近度计算给定支持窗口中像素的支持权重。虽然该算法能够获得良好的结果,但是它的计算复杂度高,比较耗时。

2.多窗口方法

多窗口方法的目标是利用不同窗口的优势来减少弱纹理区域和边界区域的影响。Fusiello 等[107]使用九个非对称且形状相同的相关窗口进行相关性检测，并保留具备最小相关误差的视差值。Kang 等[108]提出了一种多窗口方法，能够检测包含兴趣点的所有窗口。Okutomi 等[109]提出了一个简单的多窗口方法来解决边界超越问题。它在正确的位置有效地恢复了清晰的物体边缘信息。Adhyapak 等[110]提出一种与文献[107]不同的多窗口方法，该方法能够有效地提高视差图的准确性。在他们的算法中，窗口的尺寸逐渐增长，且固定了中心像素点的位置。Raj 和 Siu[98]使用一个大的相关窗口和一个小的相关窗口计算视差图，这种方法展现出良好地处理非纹理区域和深度不连续的能力。

可变窗口方法的性能优于固定窗口的方法，并在减小弱纹理区域和边界区域的影响方面表现出一定优势。然而，目前大多数变量窗口方法是采用空间域信息进行块匹配，如 SSD（sum of squared difference）及 SAD（sum of absolute differenoe）等。使用频域信息来匹配图像块的研究仍然很少。因此，在本章节中我们集成了可变窗口的方法和频域信息，并提出了一个多窗口的 PC 算法。

4.2.3　多分辨率层次化方法

在视差较大的情况下，多分辨率方法能更准确有效地估计视差。Takita 等[111]提出用金字塔策略从粗到细地搜过对应点，并使用亚像素窗口对齐来寻找对应点的准确的亚像素精度视差。它使用一个小窗口（11×11）来估计高质量的视差图。然而，这种方法没有考虑到弱纹理区域和急剧变化区域的影响。Masrani 等[112]引入了一种局部加权 PC（类似于文献[113]），设计了一个可编程的硬件平台，使其方法能够在视频速率下足够高速的工作。该方法采用多方向、多尺度的局部加权 PC 作为投票函数来找到真实的视差值，但该项性能非常依赖硬件平台。类似于文献[111]，Yan 等[114]设计了一种多分辨率架构来改进 PC 的大视差估计能力。尽管考虑到了减小特征点较少区域和不相关领域的影响，但是实验结果表明，他们的方法没有很好地解决弱纹理区域的影响。Argyriou 等[115]设计了一种相位相关运动估计算法，该算法利用四叉树的层次框架迭代地进行运动估计。这个框架的优点是，它可以减少运动补偿误差和计算复杂度。Uemura[116]也提出了类似的框架来进行运动估计。但是，这两种方法都是估计每个块的运动,而不是每个像素的运动。

考虑到效率和可靠性问题,在本章节中,我们提出了一个层次策略和可靠性评估策略来估计每个像素的差距。层次结构策略能够提高我们框架的效率。可靠性评估策略能够保证视差的可靠性,减少弱纹理区域和不相关领域的影响。

4.2.4 平移方法

平移方法的重点是通过移动匹配窗口寻找到一个最佳的运动矢量。均值漂移算法是一种非参数空间域特征空间分析技术,它可以通过移动匹配窗口自适应地跟踪物体的运动轨迹[117]。Comaniciu[118]设计了一个简练的视觉跟踪方法,它采用各向同性核函数、Bhattacharyya 系数、均值漂移算法来表示、评价、定位跟踪目标。同时,他提出了一种自适应尺度策略,以帮助均值漂移算法处理跟踪目标的尺度变化。Vojir[119]提出了一种新的方法来证明基于均值漂移算法对 Hellinger 距离的尺度估计机制减小了固定窗口的影响。

为了使多窗口的 PC 算法能够改善局部区域的视差值,特别是边界区域的视差值,受均值漂移的移位过程的启发,我们提出了一个平移策略。平移策略的优点如下:

①平移过程(在先验视差值的指导下移动匹配窗口到新的配准位置)为小窗口相位相关提供了一个相对小的视差条件;

②小窗口减少了其他运动方向对 PC 算法的干扰[98][116]。

综上所述,再结合文献[13][96]我们可以知道,PC 算法能够用于立体图像对视差图的精确估计。然而,当 PC 算法用于处理山区无人机航拍图像时,其精度受到场景差异和急剧变化区域的严重影响,如高山和河流区域。作为一种补充技术,我们提出层次化自适应相位相关架构,以从山地无人机航拍图像中提取高质量的视差图。在这个方案中,我们首先将多窗口方法移植到 PC 算法中,帮助它提取大视差和细化局部视差。但是,由大窗口和小窗口提取的视差之间没有一个平滑的兼容性。为了克服相容性问题,提出了一种平移策略,使得小窗口 PC 算法能够准确地估计局部视差,并能平滑地更新先验视差。然而,随着窗口尺寸的减小,视差值的可靠性也在减小[98]。为保证可靠的视差,我们提出了一种基于 Dirichlet 函数峰值的阈值方法以排除低可靠性视差的影响。新方法能够最大限度地减小高山、河流的影响,并能够从山区无人机航拍图像中提取出高质量的视差图。根据目前已知的报道,我们是为数不多的最早使用层次化适应性方案来帮助 PC 算法处理山无人机航拍图像的团队。

4.3 层次化自适应相位相关架构

本节将对层次化自适应相位相关架构进行详细的描述。层次化自适应相位相关架构的完整流程如图 4.1 所示,包含四个部分:无人机航拍、预处理、层次化自适应相位相关算法和后处理。

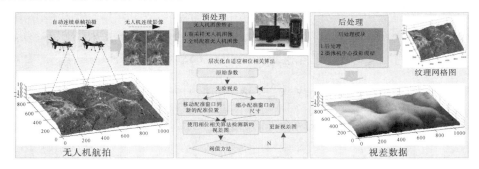

图 4.1 层次化自适应相位相关架构的完整流程

值得注意的是,为了展示一个完整的流程,并使其具有更好的视觉效果,我们使用了连续图像和视差数据,形成了一个完整的流程。图 4.1 中的连续图像不是无人机航拍图像,而是从文献[120]中下载的,但它的视差数据是通过我们的方法提取的。

4.3.1 亚像素级高斯拟合方法

在相位相关方法中,我们假设 $f(x,y)$ 和 $g(x,y)$ 是两幅图像,并且图像 $g(x,y)$ 是通过对图像 $f(x,y)$ 进行 (δ_x,δ_y) 平移后得到的,其定义如下:

$$f(x,y)=g(x-\delta_x,y-\delta_y) \tag{4.1}$$

然后,它们在傅里叶频域表现为相位差:

$$F(u,v)=G(u,v)\exp\left\{-\mathrm{i}\frac{2\pi}{W}(u\delta_x+v\delta_y)\right\} \tag{4.2}$$

其中,$F(u,v)$ 及 $G(u,v)$ 分别是 $f(x,y)$ 和 $g(x,y)$ 的傅里叶变换,(u,v) 表示频率域坐标。

最后,为了提取出相位差,它们的归一化互功率谱被定义如下:

$$C(u,v)=\exp\left\{-\mathrm{i}\frac{2\pi}{W}(u\delta_x+v\delta_y)\right\}$$

$$u = 0, 1, \cdots, W-1; v = 0, 1, \cdots, W-1 \qquad (4.3)$$

其中, $W \times W$ 是图像的尺寸。

为了检测出准确的平移向量 (δ_x, δ_y) ,在本部分中,我们使用一个一维高斯函数来拟合 $C(x, y)$ 。所以,我们定义一维高斯函数如下:

$$g(x) = a \exp\left\{\frac{-(x-b)^2}{c^2}\right\} \qquad (4.4)$$

其中, a 是高度参数控制高斯函数的峰值, b 是峰值的中心位置, c 是尺度参数被用于控制高斯函数的宽度。

然后,我们通过离散傅里叶逆变换将 $C(u, v)$ 转换成 Dirichlet 函数[43,99]。

$$I(x, y) = \sum_{u=0}^{W-1} \sum_{v=0}^{W-1} \exp\left\{-i\frac{2\pi}{W}(u\delta_x + v\delta_y)\right\} \exp\left\{i\frac{2\pi}{W}(ux + vy)\right\} \qquad (4.5)$$

而 $I(x, y)$ 能分别被以下两个方向的公式表示:

$$\sum_{u=0}^{W-1} \exp\left\{i\frac{2\pi}{W}u(x - \delta_x)\right\} \qquad (4.6)$$

$$\sum_{v=0}^{W-1} \exp\left\{i\frac{2\pi}{W}v(y - \delta_y)\right\} \qquad (4.7)$$

从形式上看,它们的累加项非常接近于有限几何级数:

$$\sum_{k=0}^{n} ar^k = a\frac{1 - r^{n+1}}{1 - r} \qquad (4.8)$$

因此,根据有限几何级数的属性,我们将式(4.8)转化成:

$$\sum_{k=0}^{n} ar^k = ar^{\frac{n}{2}} \frac{r^{-\frac{n+1}{2}} - r^{\frac{n+1}{2}}}{r^{-\frac{1}{2}} - r^{\frac{1}{2}}} \qquad (4.9)$$

并设置 $a = 1, n = W-1, u = k$ (或 $v = k$) , $r = \exp\left\{i\frac{2\pi}{W}(x - \delta_x)\right\}$ (或 $r = \exp\left\{i\frac{2\pi}{W}(y - \delta_y)\right\}$)。所以,替换经过转换的有限几何级数的符号 (a, n, u, v, r) ,我们可以获得如下公式:

$$I(x, y) = \exp\left\{i\pi\frac{W-1}{W}(x - \delta_x)\right\} \frac{\sin\pi(x - \delta_x)}{\sin\frac{\pi}{W}(x - \delta_x)} \cdot$$

$$\exp\left\{i\pi\frac{W-1}{W}(y - \delta_y)\right\} \frac{\sin\pi(y - \delta_y)}{\sin\frac{\pi}{W}(y - \delta_y)} \qquad (4.10)$$

我们设置 $\dfrac{W-1}{W} \approx 1$,那么

$$I(x,y) \approx \exp\{i\pi(x-\delta_x)\} \frac{\sin\pi(x-\delta_x)}{\sin\dfrac{\pi}{W}(x-\delta_x)} \cdot$$

$$\exp\{i\pi(y-\delta_y)\} \frac{\sin\pi(y-\delta_y)}{\sin\dfrac{\pi}{W}(y-\delta_y)} \qquad (4.11)$$

根据欧拉公式,我们只提取 $\exp\{i\pi(x-\delta_x)\}$ 和 $\exp\{i\pi(y-\delta_y)\}$ 的实数部分。其主要原因是图像通常是通过实数表示[121]。

$$I(x,y) \approx \frac{\cos\pi(x-\delta_x)\sin\pi(x-\delta_x)}{\sin\dfrac{\pi}{W}(x-\delta_x)} \cdot$$

$$\frac{\cos\pi(y-\delta_y)\sin\pi(y-\delta_y)}{\sin\dfrac{\pi}{W}(y-\delta_y)} \qquad (4.12)$$

最后,使用倍角公式,我们获得如下公式:

$$I(x,y) \approx \frac{\sin[2\pi(x-\delta_x)]}{2\sin\left[\dfrac{\pi}{W}(x-\delta_x)\right]} \frac{\sin[2\pi(y-\delta_y)]}{2\sin\left[\dfrac{\pi}{W}(y-\delta_y)\right]} \qquad (4.13)$$

$$x=0,1,\cdots,W-1; y=0,1,\cdots,W-1$$

其中,$I(x,y)$ 是 Dirichlet 函数,(x,y) 表示空间域坐标。这里,Dirichlet 函数认为是 delta 函数的一个近似函数。

当高斯函数被用于拟合 Dirichlet 函数时,需满足以下两个条件:

①高斯函数是一个正态分布随机变量的概率密度函数:

$$\int_{-\infty}^{+\infty} a\exp\left\{\frac{-(x-b)^2}{c^2}\right\} \mathrm{d}x = 1 \qquad (4.14)$$

②delta 函数是正态分布的极限,当 $c \to 0$ 且 $a = \dfrac{1}{\sqrt{2\pi}c}$ 时,我们可以得到如下公式:

$$\delta_c(x-b) = a\exp\left\{\frac{-(x-b)^2}{c^2}\right\} \qquad (4.15)$$

我们假设上述一维高斯函数满足这些条件。

为了展示二维高斯函数在 x 方向或 y 方向上的投影能够分别被两个一维高

斯函数表示。我们假设 $Q(x,y)$ 是一个二维高斯函数：

$$Q(x,y) = A\exp\left\{-\left[\frac{(x-b_x)^2}{c_x^2} + \frac{(y-b_y)^2}{c_y^2}\right]\right\} \qquad (4.16)$$

其中，$A = a_x \times a_y$。那么，函数 $Q(x,y)$ 在 y 方向上的积分可以定义如下：

$$
\begin{aligned}
S_x(x,y) &= \int_{-\infty}^{+\infty} Q(x,y)\,\mathrm{d}y \\
&= a_x \exp\left\{\frac{-(x-b_x)^2}{c_x^2}\right\} \int_{-\infty}^{+\infty} a_y \exp\left\{\frac{-(y-b_y)^2}{c_y^2}\right\}\mathrm{d}y \quad (4.17) \\
&= a_x \exp\left\{\frac{-(x-b_x)^2}{c_x^2}\right\}
\end{aligned}
$$

其中，$S_x(x,y)$ 表示 x 方向上的一维高斯函数。那么，我们可以看出 $S_x(x,y)$ 和 $Q(x,y)$ 在 x 轴上有一个相同的中心点 b。这也有力地证明了一维高斯函数能够分别被用来拟合二维高斯函数在 x 方向和 y 方向的峰值位置。

因此，为了能够使用一维高斯函数拟合峰值位置，我们采用三个步骤来实现它。首先，从 $I(x,y)$ 中提取一个 3×3 矩阵，并且矩阵的中心点坐标是 $I(x,y)$ 中峰值点的整数级坐标。我们截取 3×3 矩阵的原因有两个：一是配准信号的能量主要集中在该区域[99]；二是，在矩阵以外的区域中，信号中的噪声（如位移和边界效应）将会变成主要信号，并且会干扰拟合过程。提取的 3×3 矩阵表示如下：

$$\boldsymbol{M} = \begin{bmatrix} M(p_x-1,p_y+1) & M(p_x,p_y+1) & M(p_x+1,p_y+1) \\ M(p_x-1,p_y) & M(p_x,p_y) & M(p_x+1,p_y) \\ M(p_x-1,p_y-1) & M(p_x,p_y-1) & M(p_x+1,p_y-1) \end{bmatrix} \quad (4.18)$$

其中，(p_x,p_y) 是峰值坐标点的整数级坐标。

其次，根据式（4.17）中的证明结果，把 3×3 矩阵通过 x 方向或 y 方向的数值积分分别转换成两个一维矩阵。它们的数值积分函数定义如下：

$$\begin{cases} M_x = \sum_{k=-1}^{1} M(p_x+z,p_y+k) \\ M_y = \sum_{k=-1}^{1} M(p_x+k,p_y+z) \end{cases} \qquad (4.19)$$

其中，$z = -1,0,1$，(p_x,p_y) 是 3×3 矩阵的整数级中心坐标点，且 $\boldsymbol{M}$ 表示 3×3 矩阵。

最后，根据 z 的取值，将式（4.19）代入式（4.4），我们能够获得 x 方向或 y 方

向的等式系统,其定义如下:

$$
\begin{cases}
a\exp\left\{\dfrac{-(p-1-b)^2}{c^2}\right\}=g(p-1) \\[3mm]
a\exp\left\{\dfrac{-(p-b)^2}{c^2}\right\}=g(p) \\[3mm]
a\exp\left\{\dfrac{-(p+1-b)^2}{c^2}\right\}=g(p+1)
\end{cases}
\tag{4.20}
$$

视差 b(中心点位置,这里可以看作是视差)能通过下面的式子进行求解:

$$
b=\frac{2p(Tem+1)+(Tem+1)}{2(Tem-1)}
\tag{4.21}
$$

其中

$$
Tem=\frac{\ln\left[g(p-1)\right]-\ln\left[g(p)\right]}{\ln\left[g(p)\right]-\ln\left[g(p+1)\right]}
\tag{4.22}
$$

根据这些公式,我们能够分别计算 x 方向以及 y 方向上的视差值。

4.3.2 层次化自适应相位相关算法

下面我们将对层次化自适应相位相关算法进行详细的描述。它主要包括四个部分:步长策略、窗口变化策略、平移策略和填充方法。

1.步长策略

为了确保使用相位相关计算视差图时具有一个较高的计算效率,我们提出了一种步长策略,它使用不同的步长将图像分制成不同的层次。这就使得 PC 算法能够从粗到细地计算视差图。然而,不同于其他层次方法,步长策略在不同的层次中采用不同的步长(随着选代的增加步长逐步减小)。采用步长策略的优点是,它能够使 PC 算法利用原始图像的强度变化来估计视差图。在这里,我们将步长策略看作一个层次化划分方法。其变化规则定义如下:

$$
s_t=s_1 2^{1-t},1\leqslant t\leqslant T,s_1\leqslant\frac{W}{2},s_t\geqslant 1
\tag{4.23}
$$

其中,W 表示配准窗口的初始化尺寸,t 表示迭代次数,T 表示最大选代次数,s_1 表示初始步长(我们定义初始步长是初始窗口尺寸的 $\dfrac{1}{4}$)。

2.窗口变化策略

为了克服场景中大深度差异的影响(如高山区域),同时基于步长策略的层次结构,我们提出一种多窗口相位相关方法。在初始步长的层次结构时,它采用大窗口来估计大的视差,在较小步长的层次结构时,采用小窗口来细化局部视差。根据层次结构,多窗口相位相关的窗口变化策略定义如下:

$$W_t = W_1 2^{1-t}, 1 \leqslant t \leqslant T, \log_2 W_1 \in \mathbf{N} \tag{4.24}$$

其中,t 表示迭代次数,T 表示最大迭代次数,$\mathbf{N}$ 表示自然数。

对于处理边界地区的问题,许多研究文献都有涉及,如 offset windows method[109]、symmetric window method[107] 及 adaptive window method[101]。这些方法通过防止窗口覆盖对象的边界区域来克服边界过度问题的影响。在我们提出的框架中,初始层次中的窗口是大窗口,它很容易就覆盖对象的轮廓边界,这可能导致边界过度问题。为最大限度地减小边界过度问题的影响,我们设计了两个步骤:第一,根据式(4.24),我们逐步减小窗口尺寸,以降低覆盖物体边界区域的概率,同时减少其他运动方向对配准的影响[115-116]。第二,我们设计了一个平移策略(将在后面章节中进行详细介绍),它又包含了三个小的步骤:首先,在大窗估计的先验视差值的指导下,将目标图像中缩小的窗口移动到新配准位置;其次,通过小窗口相位相关在新的匹配位置上来估计新的视差值;最后,通过小窗口相位相关求解的视差值对上一层次的视差图进行更新,以达到对局部区域进行细化的目的,尤其是对边境区域视差的细化。值得注意的是,在本部分中,我们没有将研究重点放在对速挡区域的处理,因为在我们的测试中,无人机航拍图像的基高比(B/H)没有超过 0.11,所以我们假设该种图像对拥有一个较窄的基线距离,可以减轻速挡对相位相关配准的影响[93][95-96]。此外,在层次化自适应框架中,将这两个步骤嵌入一个迭代过程,直到收敛。最后,边界区域的影响可以被最大限度地减小(我们将在 4.4 节实验结果中进行定量和定性对比验证)。

3.平移策略

为了更平稳地更新多窗口相位相关估计的视差值,我们提出了一个平移策略。它包含两个关键部分:第一个关键部分是一个平移功能,它可以在先验视差值的引导下自适应地移动匹配窗口到新的配准位置,第二个关键部分是一个更新功能,用于更新先验视差值。对于第一个关键部分,我们定义如下:

$$P_t(x,y) = R\{x + [D_t^x(x,y)], y + [D_t^y(x,y)]\} \tag{4.25}$$

其中,$P_t(x,y)$ 是一个匹配位置,$R(x,y)$ 表示目标图像位置,t 表示迭代次数 $[(1 \leqslant t \leqslant T)]$,$D_t(x,y)$ 表示更新函数,$[D_t(x,y)]$ 表示对 $D_t(x,y)$ 进行向上取

整(这是为了满足离散图像的整数要求)。

需要指出的是,平移策略的优点是将匹配窗口移动到新匹配位置之后,新匹配位置之所以能为小窗口相位相关提供了一个相对较小的视差条件,是因为理论上新匹配位置更接近于真实的匹配点。因此,在小视差条件下(使用新匹配位置作为匹配点),相位相关可以利用小窗口来估计局部区域的视差。然后,更新功能使用小窗口估计的视差值来细化大窗口估计粗略视差值。

对于更新部分的更新函数 $D_t(x,y)$,我们定义如下:

$$D_t(x,y) = \sum_{k=0}^{t} d_k(x,y) \tag{4.26}$$

其中,$d_k(x,y)$ 是相位相关方法利用窗口尺寸为 W_k 的配准窗口在第 k 层估计的视差值。

对于初始视差图($k=0$),我们设定的初始视差 $d_0(x,y)=(0,0)$,同时设置 $p_0(x,y)$ 是定位在目标图像中坐标位置为 (x,y) 的初始匹配位置。需要注意的是,更新先验视差值之前,视差 $d_k(x,y)$ 的可靠性需要通过可靠性评价策略(将在后面的章节中详细介绍)进行评估。因此,如果视差 $d_k(x,y)$ 具备高可靠性,那么先验视差值将通过式(4.26)进行更新。如果不具备高可靠性,式(4.26)将停止对视差点 (x,y) 的视差更新。

4.填充方法

当步长策略被用来计算视差图时,位于间隔区域中的像素点的视差值不能被相位相关估计。因此,这些没有视差值的像素点将导致视差图中存在空白区域。为了填补这些空白地区,我们提出了一个填充方法,它使用采样点的视差值来填充空白区域。该方法有三个步骤:第一步,使用采样点的视差值来填补空白区域,定义如下:

$$F = \{(x+g_x, y+g_y) \mid g_x \in A, g_y \in A\}$$
$$A = \{m \mid m \in \mathbf{Z}, m \in (-s,s]\} \tag{4.27}$$

其中,s 表示步长距离,F 表示填充区域,(x,y) 表示采样点,$\mathbf{Z}$ 表示整数。第二步,使用填充好的视差图对先验视差图(在上一层次中估计的视差图或者是初始化视差图)通过式(4.26)进行更新以细化粗略视差图。第三步,中值滤波方法被用来平滑更新后的视差图。其中,中值滤波器的窗口尺寸定义如下:

$$S_m = \begin{cases} 4 \times S_t & \text{if} & t = 1 \\ 16 & \text{if} & 1 < t \leqslant T \end{cases} \tag{4.28}$$

其中,S_m 表示中值滤波器的窗口尺寸,S_t 表示在 t 层的步长,T 表示最大迭代次数。

需要注意的是,当使用填充方法时,第一个层次的视差图将受到阶梯问题的强烈影响,所以中值滤波器必须采用一个很大的窗口,以最大限度地减少阶梯问题的影响。然而,大窗口导致中值滤波器存在较低的计算效率。为了提高整个架构的计算效率,从第二个层次开始,中值滤波器的窗口尺寸缩小至 16×16。这里有三个理由支持中值滤波器可以采用小窗口进行滤波:一是,在第一个层次,大窗口中值滤波器最大限度地减少了台阶问题以及异常区域的影响;二是,从第二个层次开始,引入视差可靠性评估策略(将在下一节中详细介绍)对每个像素的视差值进行可靠性评估,以减小低可靠性区域的影响;三是,由小窗口相位相关算法估计出来的视差值(随着迭代次数的增加,相位相关匹配窗口的尺寸逐步缩小)是一个较小的值。在这里,中值滤波器的窗口尺寸的设定是一个经验值。即便如此,填充方法还是有效地辅助步长策略改进了相位相关立体匹配方法的计算效率,且没有对层次化自适应相位相关算法的准确性产生影响(在实验部分将给出有说服力的证据)。

图 4.2 为层次化自适应相位相关算法的原理图。首先,为了满足迭代处理的需求,初始化视差图 d_0 被设置为 0。其次,当相位相关算法使用 W_k 尺寸的窗口估计视差图 d_k 时,它可以被当作先验视差并通过式(4.26)来更新视差图 D_t。最后,根据式(4.25)将匹配窗口移动到新的配准位置,以帮助相位相关自适应地估计下一层次的视差值。目前,我们的层次结构只采用了四个。

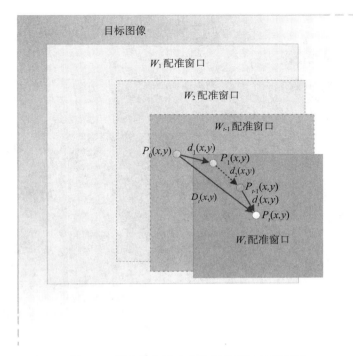

图 4.2 层次化自适应相位相关算法的原理图

图中 $P_0(x,y)$、$P_1(x,y)$、$P_{t-1}(x,y)$ 及 $P_t(x,y)$ 分别是在每一个层次中的自适应平移位置;W_1、W_2、W_{t-1} 和 W_t 分别是 $P_0(x,y)$、$P_1(x,y)$、$P_{t-1}(x,y)$ 及 $P_t(x,y)$ 的配准窗口;$d_k(x,y)$ 是相位相关方法利用窗口尺寸为 W_k 的配准窗口在第 k 层估计的视差值,其中,$k=1,2,\cdots,t-1,t$,t 是层次化数量;$D_t(x,y)$ 是最终的平移参数。

4.3.3 视差可靠性评估策略

无人机航拍通常是使用单目摄像头来模拟立体相机以获得准同步双目立体视图。这种操作简单,可以保持无人机的制造成本处于一个较低水平,同时可以减少遮挡和光照变化的影响,但它不能避免弱纹理区域或动态变化区域(如阴影区、道路区域和河流区域)的影响。因此,在这种情况下,弱纹理区域和动态纹理区域将使小窗口相位相关方法难以提取到高可靠性的视差结果。

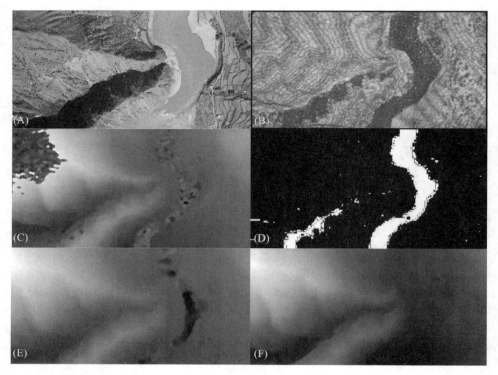

（A）是无人机航拍山地图像对中的一幅图像；（B）是每个像素点的 Dirichlet 函数的峰值矩阵
组成的图像；（C）是基于 32×32 固定窗口的相位相关方法获取的视差图；（D）是低可靠性
像素点的标记图像，其中白色区域是标记的低可信度像素点；（E）是在没有视差可靠性评估策略
情况下，层次化自适应相位相关架构提取的视差图；（F）是结合视差可靠性评估策略和层次化
自适应相位相关架构提取的视差图。

图 4.3　视差可靠性评估策路的事例图像

图 4.3 中的无人机航拍山地图像含有高山、阴影区域以及河流区域［请参看
图 4.3（A）］。当处理这种无人机航拍图像时，相位相关方法容易受到弱纹理区域
和动态纹理区域的影响。图 4.3（C）展示了相位相关算法在 32×32 窗口情况下
无法克服无人机图像中高山区域、阴影区域和河流区域的影像的情况。从图中我
们可以看到，位于高山区域、阴影区域以及河流区域的视差估计非常模糊且噪声
点很多。图 4.3（E）展示了在没有可靠性评估策略的情况下自适应层次化相位相
关架构能够降低高山区域的影响，但它无法克服河流区域的影响。

为了最大限度地减少阴影区域和河流区域的影响，我们提出了一种阈值方法
来检测低可靠性的视差点，并且消除它们的影响［在视差可靠性评估策略下，我们

的方法求解的视差图结果如图 4.3(F)所示]。阈值判断模型是由初始层次中的 Dirichlet 函数的峰值矩阵中的最大值构建的,它的具体定义如下:

$$Th = \frac{\max[P(x,y)]}{C}$$

$$x = 0,1,\cdots,M-1; y = 0,1,\cdots,N-1 \qquad (4.29)$$

其中,$M \times N$ 表示图像大小,C 是一个常数,$P(x,y)$ 表示 Dirichlet 函数的峰值矩阵。

Dirichlet 函数的峰值矩阵 $P(x,y)$ 是由 $I(i,j)$ 的峰值构建的,其定义如下:

$$P(x,y) = \max[I(i,j)]$$

$$\text{s.t.} i = \max\left(x - \frac{W}{2}, 0\right),\cdots,\min\left(x + \frac{W}{2}, M-1\right)$$

$$j = \max\left(y - \frac{W}{2}, 0\right),\cdots,\min\left(y + \frac{W}{2}, N-1\right) \qquad (4.30)$$

$$x = 0,1,\cdots,M-1; y = 0,1,\cdots,N-1$$

其中,$I(i,j)$ 表示像素点 (x,y) 的 Dirichlet 函数[它能够通过式(4.13)获得],W 表示 $I(i,j)$ 的窗口大小。由每个像素点的 Dirichlet 函数的峰值组成峰值矩阵 $P(x,y)$,其图像格式如图 4.3(B)所示。值得注意的是,我们采用的是初始窗口的 Dirichlet 函数的峰值矩阵 $P(x,y)$ 来计算阈值 Th。那么,阈值 Th 可以作为评价参数来评估每个视差点的可靠性以及标记低可靠性的视差点。

$$L(x,y) = \begin{cases} 255 & P(x,y) < Th \\ 0 & P(x,y) \geq Th \end{cases} \qquad (4.31)$$

其中,$L(x,y)$ 表示一个标记图像,它记录每一个低可靠性视差点的坐标位置。在图 4.3(D)中,白色区域表示的是低可靠性视差点的坐标位置,它们通过视差可靠性评估策略标记。

通过层次化自适应相位相关算法以及视差可靠性评估策略,可以最大限度地减小高山和河流区域对相位相关视差估计的影响。最后,它们被嵌入一个迭代过程,自适应地更新每个像素的视差,直到收敛或达到最大迭代次数。层次化自适应相位相关算法的伪代码程序如图 4.4 所示。

层次化自适应相位相关算法
输入:无人机图像对 输出:视差图

算法:
1. 初始化视差图 d_0,窗口尺寸 W_1,最大迭代次数 T 以及步长距离 s_1;
2. **for** i=1 to T **do**
3.   通过公式(3.24)更新窗口尺寸 W_i;
4.   通过公式(3.23)更新步长距离 s_i;
5.   **if** i==1 **then**
6.   通过公式 3.29 获得阈值 Th;
7.   **end if**
8.   **for** x=1 to M **do**
9.   **for** y=1 to N **do**
10.   通过公式(3.25)移动配准窗口;
11.   通过公式(3.21)估计视差图;
12.   **if** 通过公式(3.30)检测 $I(x,y)$ 是否可靠 **then**
13. $I(x,y)$ 的视差可靠;
14.   继续更新 $I(x,y)$ 的视差;
15.   **else**
16. $I(x,y)$ 的视差不可靠;
17.   停止更新 $I(x,y)$ 的视差;
18.   **end if**
19.   通过公式(3.26)~(3.27)和式(3.20)填充空白区域;
20. $y=y+s_i$;
21.   **end for**
22. $x=x+s_i$;
23.   **end for**
24. **end for**

图 4.4　层次化自适应相位相关算法的伪代码程序

4.4　实验结果

在本节中,我们通过对实验环境和实验结果来评估我们提出的方法。实验环境主要的硬件是基于 AMD Athlon(TM) Ⅱ X2 240 CPU@ 2.80 GHz 以及 4GB 的内存。无人机地形观测装置主要是基于 Canon EOS 5D Mark Ⅱ 的数码单反相机以及固定翼无人机。所有模拟的算法都是在 MATLAB 2015a 环境下实施的。为了探究我们提出的方法的准确性和鲁棒性,我们使用合成图像与真实的山地无人机航拍图像进行对比实验。正如实验结果所示,即使航拍图像包含高山区域、阴影区域以及河流区域,层次化自适应相位相关架构都可以获得一个高质量视差图。为了进行性能评估,将我们的方法与目前的主流方法以及软件(如文献[13][95]和 Agisoft StereoScan[122])进行了对比实验。

4.4.1　合成图像测试

在本小节中,我们创造了一对合成图像来对我们提出的方法进行定量评价。为了实现这个目标,我们创建了一对噪声密度为 0.5 的脉冲噪声立体图像对,其长宽大小为 1024×1024 像素。在目标图像中,我们首先取一个以图像中心点为中心的 200×200 像素的正方形图像块,并将其沿着 x 方向平移 3 个像素。然后,为了构建亚像素级平移,通过低通滤波将两幅图像进行两倍下采样并对正方形图像块进行 1.5 倍像素的模拟平移,而背景则不变。创建的立体图像对如图 4.5(a) 中所示。

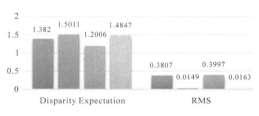

(a)　　　　　　　　　　　　　　　　(b)

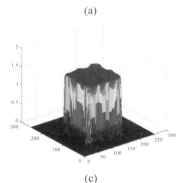

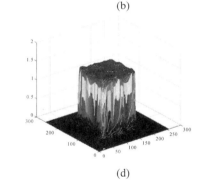

(c)　　　　　　　　　　　　　　　　(d)

(a)是脉冲噪声立体图像对(参考图像通过在 x 方向上移动中心 100×100 像素×1.5 像素得到的目标图像);(b)是我们提出的方法和 liu 等[13]的方法的误差比较;(c)是我们提出的方法的实验结果;(d)是 liu 等[13]的方法的实验结果

图 4.5　脉冲噪声立体图像对处理及方法比较

在本组实验中,我们使用固定窗口相位相关方法(参见文献[13])和层次化自适应相位相关架构对脉冲噪声立体像对进行测试。固定窗口相位相关方法窗口尺寸的初始化参数是 32×32 像素。我们提出的方法的初始化参数的设置如下:初始化窗口尺寸是 128×128 像素,初始化步长是 16 像素。值得注意的是,两个方法在执行傅里叶变换之前都要对输入图像进行加窗操作,这里我们添加的窗函数是 Hamming 窗函数。因此,除去其他不同的配准策略,本书假设这两个方法都有一个基本相似的初始化条件。

对脉冲噪声立体图像对的模拟实验表明,我们提出的方法能够估计亚像素视差,并且不受外部污染源的干扰。对脉冲噪声立体图像对提取的视差图如图4.5(c)及图4.5(d)所示。它们展示了固定窗口相位相关方法和我们提出的方法都能揭示亚像素级精度的场景结构。对视差图的定量比较结果如图4.5(b)所示。

图4.5(b)给出了两种定量比较:一是对图像块区域中90×90像素的数据进行比较[我们截去了原始窗口100×100中10像素的边缘区域,相应的数值比较结果见图4.5(b)中数据条];二是比较检测出来的100×100的窗口区域[我们未对原始窗口100×100进行剪切,相应的数值比较结果见图4.5(b)中数据条]。

图4.5(b)中数据条展示了我们提出的方法能够很容易地揭示正方形的形状,平均平移估计值为1.5011像素,且均方根误差只有0.0143像素。这也清楚地表明了层次化自适应相位相关架构保持了相位相关算法的精度。

从图4.5(b)中数据条中可以看出,我们提出的方法和固定窗口相位相关方法都受到了边界地区的影响。虽然我们提出的方法揭示了正方形区域的形状,但该方法的平均平移估计值只有1.3820像素,且均方根误差为0.3807像素。然而,固定窗口相位相关方法恢复了一个平均平移为1.2006像素以及均方根误差为0.3997像素的正方形区域。这些数据清楚地表明,我们提出的方法在减少边界影响方面优于固定窗口相位相关方法。

4.4.2　无人机航拍图像测试

层次化自适应相位相关架构能够从真实山地无人机航拍图像中直接提取高质量视差图。需要注意的是,由于没有真值,本小节的试验比较结果只给出了一个定性分析结果。

1.从粗到细处理

为了展示层次化自适应相位相关算法从粗到细的处理过程,我们给出了一个如图4.6所示的例子。算法初始参数设置如下:初始窗口尺寸是128×128像素,初始步长距离为16像素,以及初始视差图的值为0。根据提出方法的视差求解步骤,如式(4.25)、式(4.23)以及式(4.24),在下一次迭代之前,要更新这些参数。然后,以类似的方式,迭代更新参数,直到收敛或达到某一最大迭代次数。

图4.6(a)中展示的无人机航拍图像是真实山地无人机航拍图像对中的其中一幅。用于测试的无人机航拍图像的尺寸是1118×792像素,这个尺寸是通过原

始图像按比例缩小后的图像的尺寸,主要是为了满足计算机硬件条件的需求。无人机航拍图像对的重叠区域超过了 82%,这样就使得该图像对满足了窄基线立体匹配方法[13][96]的条件。

最后,图 4.6(e)和图 4.6(f)分别展示了视差网格图以及贴上图像纹理后的视差网格图。

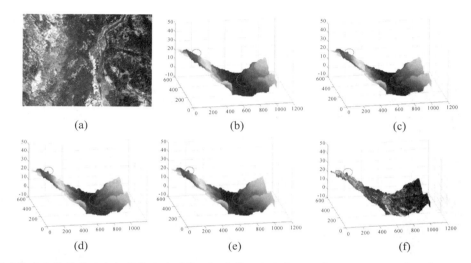

(a)是准立体原始无人机航拍山地图像;(b)是第一次迭代的视差网格图;(c)是第二次迭代的
视差网格图;(d)是 k 次迭代的视差网格图;(e)是通过我们提出的方法得到的最终的视差
网格图;(f)是带图像纹理的最终的视差网格图。

图 4.6　对无人机航拍山地图像的整个平移匹配策略处理过程

实验结果表明,层次化自适应相位相关架构具有三个方面的优势:首先,它能够最大限度地减少边界区域的影响[从图 4.6(b)~(e)中的圆圈中我们可以看到,随着迭代次数的增加,树林的形状变得越来越明显];其次,类似于其他层次方法,它可以提高计算效率(请参见图 4.8);最后,它是专门为多窗口相位相关方法设计的,可以很容易地解决多窗口兼容性问题。

2.实验结果比较

为了展示我们提出的方法的性能,我们选择了一些具有挑战性的无人机航拍图像,这些图像包含高山区域、阴影区域以及河流区域[如图 4.7(A1),图 4.7(B1),图 4.7(C1)和图 4.7(D1)所示]。为了进行对比实验,我们选择了当前主流的方法[13][96]和软件[122]作为参考。关于实验中各个方法的参数初始化,对固定窗口方法,设置其窗口尺寸为 32×32 像素,对于我们提出的方法的初始参数,包括初始窗口大小、初始步长距离和初始视差图的值,分别设置为 128×128 像素,16 像素以及 0。在我们提出的方法的阈值函数中涉及的常量参数 C 是一个经验值。因此,在对不同山地无人机航拍图像进行大量实验的基础上,将 C 设置为 4。对于 Agisoft StereoScan 软件,我们不对其进行初始参数重置,只使用其默认的初始参数。注意,本实验中获得的关于视差图的三维网格模型并不是真正的数字高程模型(digital elevation models,DEM),但这不会对算法的性能比较分析产生影响。

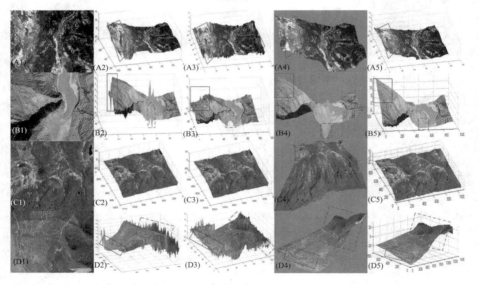

(A1)(B1)(C1)(D1)表示准立体原始无人机航拍图像对中的一幅图像;(A2)(B2)(C2)(D2)是文献[13]的实验结果,(A3)(B3)(C2)(D3)是文献[96]的实验结果,(A4)(B4)(C4)(D4)是 Agisoft StereoScan 软件的实验结果;(A4)(B5)(C5)(D5)是我们提出的方法的实验结果。

图 4.7　无人机航拍山地图像的实验结果对比

由无人机航拍山地图像实验结果对比可知:图 4.7(A1)展示的是无人机航拍高山图像对的其中一幅;四个算法的实验结果如图 4.7(A2)～(A5)所示;图 4.7(A2)(A3)分别表示文献[13][96]中算法的视差图三维网格模型。图 4.7(A4)展示的是文献[122]中算法的实验结果;图 4.7(A5)展示的是我们提出的方法的视差图三维网格模型。

从图 4.7(A2)～(A5)中的梯形区域可知,固定窗口相位相关方法很难充分地揭示无人机航拍图像的场景结构信息，而且容易受到高山区域的影响。但是，Agisoft StereoScan 软件和我们提出的方法能够很好地揭示无人机航拍图像的三维信息。这表明我们提出的方法能够鲁棒性地揭示无人机航拍图像的高山区域的三维结构。

由河流区域无人机航拍图像实验结果对比可知：图 4.7(B2)～(B5)展示了四种不同方法视差图的三维网格模型。这个实验中使用的无人机航拍图像是非常具有挑战性的图像，它包含高山区域、阴影区域以及河流区域[图 4.7(B1)表示其中原始无人机图航拍图像对中的一幅]。图 4.7(B2)(B3)分别表示文献[13][96]中的方法的视差图三维网格模型；图 4.7(B4)表示的是文献[122]中的方法的实验结果；图 4.7(B5)展示的是我们提出的方法的视差图三维网格模型。

在图 4.7(B2)～(B5)中，从定位在高山顶部的矩形区域可以看出，对于固定窗口相位相关算法，高山区域仍然是一个不小的挑战。但是，Agisoft StereoScan 软件和我们提出的方法能够较好地揭示无人机航拍图像中高山区域的三维场景结构。

图 4.7(B2)～(B5)中的虚线矩形标记了四个方法在河流区域的视差结果。图 4.7(B2)(B3)展示了固定窗口相位相关算法很难充分地揭示无人机航拍图像的场景结构信息，而且不能克服动态纹理（河流区域）的影响；图 4.7(B4)展示了 Agisoft StereoScan 软件不能克服河流区域的影响。然而，我们提出的方法能够最大限度地减小河流区域的影响。

图 4.7(B2)～(B5)的结果能够清楚地展示我们提出的方法能够充分地揭示无人机航拍山地图像高质量的场景结构，而且能够最大限度地减小高山区域、阴影区域以及河流区域的影响。

由卫星图像实验对比可知：使用卫星图像对我们提出的方法进行测试，四个方法的实验结果如图 4.7(C2)～(C5)所示。图 4.7(C2)(C3)分别表示文献[13][96]中的方法的视差图三维网格模型。图 4.7(C4)展示的是 Agisoft StereoScan 软件的实验结果；图 4.7(C5)展示的是我们提出的方法的视差图三维网格模型。

图 4.7(C2)～(C5)中梯形区域标记了弱纹理区域。从图 4.7(C3)中可以看出，该区域被认为是不可靠区域，且被 Agisoft StereoScan 软件删除。但是，该区域被我们提出的方法和固定窗口相位相关算法判断为可信区域，并对其进行了视差值估计。这清楚地展示了我们提出的方法和固定窗口相位相关算法的鲁棒性，

并且也表明了我们的方法能够最大限度地减少低纹理区域的影响。

由高山地区无人机航拍图像实验对比可知:图 4.7(D1)展示了一幅包含高山区域及河流区域的原始无人机航拍图像。图 4.7(D2)～(D5)展示了四种不同方法视差图的三维网格模型:图 4.7(D2)(D3)分别展示了固定窗口相位相关方法[13][96]的视差图三维网格模型,图 4.7(D4)展示的是 Agisoft StereoScan 软件的实验结果;图 4.7(D5)展示的是我们提出的方法的视差图三维网格模型。

图 4.7(D2)～(D5)中,河流区域被标记出来。这表明,固定窗口的相位相关方法很难充分揭示河流区域的场景结构。Agisoft StereoScan 软件和我们的方法能够较好地揭示该区域的场景结构。这也清楚地表明我们的方法的鲁棒性,而且能够最大限度地减少河流区域动态纹理的影响。

图 4.7(D2)～(D5)中的虚线矩形区域主要标记了四种方法在高山的顶部区域的比较。图 4.7(D2)(D3)表明,固定窗口相位相关方法很难充分揭示高山区域的三维场景结构。图 4.7(D4)(D5)表明,Agisoft StereoScan 软件和我们的方法能够充分揭示高山区域的三维信息。这也清楚地说明了我们的方法能够准确地估计高山区域的视差信息。

4.4.3　耗时及性能比较

1.耗时比较

为了比较各个方法的耗时,这里所有基于相位相关算法都通过没有优化的 MATLAB 程序实现,并且所有的程序或软件都在 AMD Athlon(TM) Ⅱ X2 240 上进行实验。图 4.8 给出了四种方法对图 4.7 中四对图像进行实验的耗时比较。从图 4.8 中可以看出,我们提出的方法的耗时与窗口尺寸为 32×32 像素的相位相关方法的耗时基本是一致的,甚至我们的方法的耗时还比它们的耗时更长。但是,由图 4.7 可知,在处理大视差方面,我们的方法比窗口尺寸为 32×32 像素的相位相关方法具有更强的鲁棒性。因此,为了能够准确地估计大视差,固定窗口的相位相关方法必须扩大它们的窗口尺寸。然而,一旦扩大窗口尺寸,它们的耗时会变得很长(约是我们的方法的 2.5 倍甚至更多,参见图 4.8 中固定窗口 128×128 相位相关方法的时间消耗曲线)。当然,Agisoft StereoScan 软件的耗时最短,因为它是一个最优化的商业软件。我们提出的方法表明,基于硬件,如图形处理单元(GPU),相位相关算法最高提速可达到约 24 倍。因此,我们提出的方法具有非常大的潜能来进行加速优化。

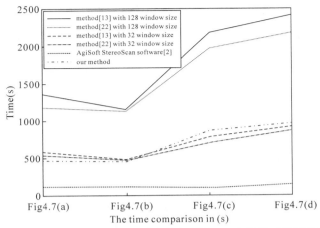

图 4.8　我们的方法与当下主流方法对图 4.7 中图像对耗时比较

2.性能比较

为了给出一个定量的性能比较,我们在真实无人机航拍图像集中对四个方法进行了测试。由于没有真值,如果求解出来的视差图基本符合客观场景三维结构,我们就认为该视差图是正确的视差图。为了获取性能比较数据,我们采用如下公式:

$$P = R/T$$

其中,P 表示性能数据,R 表示获得正确视差图的数量,T 表示无人机航拍图像集的总数。

测试结果见表 4.1。

表 4.1　我们的方法及对比方法在真实无人机航拍图像集上测试的正确率

方法	正确率
使用 128 窗口大小的方法[96]	92.50%
使用 128 窗口大小的方法[13]	92.50%
使用 32 窗口大小的方法[96]	0
使用 32 窗口大小的方法[13]	0
Agisoft Metashape 软件[122]	96.25%
我们的方法	95.00%

从表 4.1 中可以看出,窗口尺寸为 32×32 像素的两个相位相关方法的性能

数据都为零。主要原因是这些方法很容易受到高山区域、阴影区域和河流区域的干扰。窗口尺寸为 128×128 像素的两个相位相关方法的性能百分比为 92.50％,但这个数据稍微有些牵强,主要是因为它们的视差图不完全准确(尤其是在局部细节上没有其他方法好)。为了展示这种细节比较,我们选择了一个例子在图 4.9 中做展示,其中,图 4.9(a)是窗口尺寸 128×128 像素的相位相关方法的视差估计,图 4.9(b)是我们的方法的视差图三维网格结果。与图 4.9(b)相比,我们发现图 4.9(a)在高山的顶峰位置失去了很多局部信息。但是,我们仍然认为这类视差图的三维网格图[如图 4.9(a)]为合格的视差图三维网格图,因为它们能够在一定程度上减少高山区域以及低纹理区域的影响。然而从图 4.8 可知,窗口尺寸 128×128 像素的相位相关方法的耗时很长。我们的方法的性能百分比为 95.00％,主要原因是,它不能充分地揭示无人机航拍图像中不符合狭窄的基线条件的图像的三维场景结构。这也是已有相位相关方法的共同缺陷,如文献[13][96]中的方法。Agisoft StereoScan 软件有 96.25％的最高性能百分比数据。它可以处理大多数无人机航拍图像,但是对含有低纹理区域和河流区域的山地无人机航拍图像处理存在一些问题,如图 4.7(B4)(C4)所示。因此在这种情况下,我们的方法比 Agisoft StereoScan 软件更具鲁棒性。

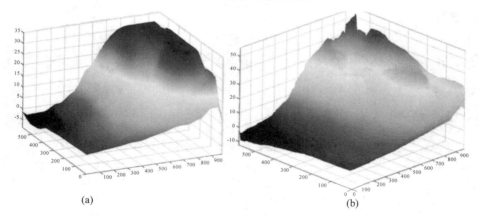

(a)　　　　　　　　　　　　　(b)

图 4.9　固定大窗口的相位相关方法与我们的方法对图 4.7(D1)的视差估计

注:我们的方法[图 4.9(b)]在高山区域顶部能够比窗口尺寸为 128×128 像素的相位

相关方法[图 4.9(a)]估计出更多细节。

4.4.4　讨论

在对合成图像以及真实无人机航拍图像的实验中,我们的方法表现出了非常高的精度以及鲁棒性。这使得高质量的视差图可以从包含高山区域、阴影区域以及河流区域的无人机航拍图像中被恢复出来,但是许多已有的图像匹配方法却无法克服这些影响以致不能求解出高质量的视差图。综上所述,我们提出的方法无论是在产生视差图的准确性还是在视觉质量上都表现出了优异的性能。然而,作为常见的图像匹配方法,视差图很容易受到噪声的污染,因此需要对其进行细化。在本章中,层次化自适应相位相关算法能够最大限度地减少高山区域、阴影区域以及河流区域的影响,并能够从山地无人机航拍图像中提取高质量的视差图。虽然,调研此类噪声的精确特性是我们正在进行的主要工作,但是同时开发针对性更强和更优化的正规化程序以进一步提高计算效率和细化亚像素级视差估计,也是非常有必要的。当然,这些程序需要由具体类型的地形和最终预期用途来引导,才能被真正应用起来。

4.5 小结

在本章中,我们提出了一种层次化自适应相位相关方法来克服无人机航拍影像中高山区域、阴影区域以及河流区域的视差估计问题。该方法的精确度和鲁棒性主要归功于以下三个部分:①层次化方法,它帮助相位相关从粗到细地进行视差估计;②多窗口方法,它最大限度地减小了边界问题的影响;③阈值方法,它评估每个像素点的可靠性并停止对低可靠性像素点的更新。实验结果表明,我们的方法优于固定窗口的相位相关方法,并且能够达到某些商业软件的水平,如Agisoft StereoScan 软件。同时,实验结果进一步表明,我们的方法在保持相位相关精度的情况下,能够最大限度地减小高山和河流区域的影响。

第 ⑤ 章

基于 GPU 加速的层次化
自适应快速三维重建方法

5.1 引言

视差估计是被动图像三维重建的关键步骤。近年来,最先进的图像匹配方法(见文献[65-66][123])在精度方面有了显著提高。同时,还有一些方法试图借助硬件或优化算法来提高计算效率(见文献[14][63])。然而,当使用这些方法处理真实的立体图像对时,由于计算量大、纹理区域弱、差异区域大的影响,可能会花费大量的时间,或者在估计高精度的视差图时可能不那么鲁棒[14][67][124-125]。受到这个问题的启发,我们试图开发一种快速而精准的方法,在不牺牲精度的情况下减少耗时。

研究表明[96][111][124],PC 算法可以用来估计高质量的视差图。此外,文献[96]断言 PC 算法的精度可以达到 1/50 像素。因此,PC 算法可以用于测量窄基线立体图像的视差[111]。然而,许多工作,如文献[96-97][124],通常采用经验窗来估计差异。对于一些立体图像,如无人机航拍山地图像,即使这些图像对满足了较好的视差估计条件,如窄基线、低遮挡、低照度变化等,PC 算法也难以显示出高质量的场景结构[96]。为了解决这一问题,许多研究者将注意力转向了多窗口技术。Kanade 等[101]指出,如果窗口过小,用立体匹配方法无法可靠地估计出较大的视差;如果窗口过大,则无法估计局部结构的详细信息。Takita 等[111]指出,随着图像尺寸的减小,PC 算法的准确率会显著下降。Liu 等[61]提出,使用经验窗口 PC 算法处理无人机航拍山地图像是一个挑战。因此,为了获得高可靠性的视差图,匹配窗口必须足够大,以覆盖足够的强度信息,但匹配窗口又必须足够小,保证仅覆盖具有相同视差值的像素[98]。因此,这个问题引发了多窗口的需求,因为大窗口模糊了目标边界,而小窗口在弱纹理区域的结果是不可靠的。

受上述问题的启发,我们提出了一种基于并行 PC 的分层框架:首先,分层方法将立体图像划分为多层结构;其次,在第一层,采用带初始窗口的并行 PC 估计采样点的视差矩阵;再次,利用初始窗口的峰值矩阵获得可靠阈值;最后,在每一个层次,并行 PC 包含三个子步骤:第一步,在先验视差矩阵的引导下,分块模块将采样坐标移动到新的位置;第二步,Block cut 模块将新的位置作为锚定点,按照窗口大小更新的规则将图像信息从纹理存储器复制到全局存储器;第三步,加权 PC 并行估计每个块对的差异。将可靠性评估策略嵌入到分块模块的视差矩阵更新步骤中;其目的是利用视差矩阵更新的并行架构来并行评估每个视差的可靠性。最后,迭代执行分层框架,直到收敛。基于并行 PC 的分层框架流程如图5.1 所示。目前,很少有研究充分考虑如何提高遥感影像视差图估计的耗时、弱纹理的影响,以及匹配方法的稳定性。而我们提出的方法较好地解决了这些问题。

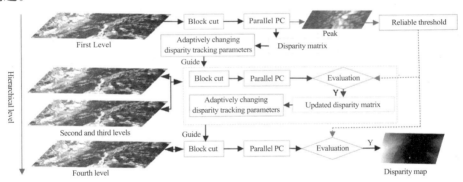

图 5.1　基于并行 PC 的分层框架流程

注:Adaptively changing disparity tracking parameters、Reliable threshold 表示每个层次的视差估计过程。利用第一层的峰值映射获得可靠的阈值。从可靠阈值框开始的虚线箭头用于评估每个差异的可靠性。在获得第一层的视差矩阵和可靠阈值后,自适应地改变包括窗口大小变量、层次结构参数和视差矩阵在内的视差跟踪参数,引导分块步进,为每个层次准备合适的匹配数据段。

综上所述,本章主要有了以下贡献:

①为了减少低可靠区域的影响,提高计算效率,提出了一种基于并行相位相关的分层框架。同时,为了节省计算时间,对分层框架的许多阶段进行了改进。

②提出了一种加权相位相关峰值拟合算法,可以有效、稳定地估计高精度运

动。它包含了一种新的峰值拟合方法，具有稳定的性能和良好的执行效率。

5.2　相关理论方法

本节主要涉及相位相关法、层次结构法和并行加速法。接下来，我们主要介绍这三个与我们的方法密切相关的方法。

5.2.1　相位相关法

PC 基于傅里叶移位定理[40]，已被引入许多研究领域，如图像配准和视差估计。

1.图像配准

Stone 等[43]提出了一种基于傅里叶的方法，直接测量频域的视差。这种方法具有快速傅里叶平移的时间复杂度。同时，它还融合了许多节省时间的技巧，如布莱克曼-哈里斯窗口和频率截止方法。Hoge[126]提出了一种利用奇异值分解（SVD）直接寻找相位相关矩阵优势秩一子空间的方法，有助于在一维相位上展开相位。这种方法在本质上比二维相位展开更简单。为了提高 PC 的时间复杂度，Ren 等[63]提出了一种子空间相位相关方法，即将二维图像信号投影到 x 轴和 y 轴上，得到一维子空间投影信号，然后在一维子空间上用 PC 分别估计 x 方向和 y 方向的位移。这种方法将原 PC 的时间复杂度从 $O(n^2\log n)$ 降低到 $O(n\log n)$。Lamberti 等[62]提出了一种新的快速相位相关算法，该算法仅利用前几条频线拟合移位参数，避免了许多不相关的计算。

2.视差估计

Takita 等[111]在纯相位相关方法的基础上，提出了一种高精度对应搜索技术来估计两幅图像（或窗口）之间的高精度视差。该技术将窗口尺寸减小到 11×11 像素，不仅大大提高了整个视觉系统的时间消耗，而且保持了视觉系统的高精度。然而该技术需要更多的辅助技术来保持高精度；否则，迭代过程将导致产生许多低置信度的估计。Shibahara 等[127]提出了一种带限纯相位相关算法，其使用一维带限纯相位相关代替二维块匹配进行对应搜索，在不牺牲重建精度的情况下，可以显著降低计算成本。Zhou 等[128]提出了一种快速立体匹配算法，该算法通过存储和重用二维 DFT 中间数据来提高计算效率。虽已扩展到 GPU，但由于其理论是基于文献[111][129]的方法，不能很好地处理低可靠区域。

考虑到 PC 的效率和稳定性,我们提出了一种基于加权的 PC 来稳定高效地估计高精度视差。然而,尽管 PC 的精度得到了很大的提高,但如果将 PC 集成到一些特殊的系统中(如无人机三维检索系统),PC 将受到低可靠区域的影响。

5.2.2　层次结构法

层次结构法注重在视差较大时准确有效地估计视差。Abdul 等[129]构建了一个由粗到精对应搜索、离群值检测和校正组成的高精度三维测量系统。该方法可以获得高精度的任意形状的三维曲面。Masrani 等[112]提出了一种本地加权 PC,设计了一种速度足够快的可编程硬件平台,可以在视频速率下工作。该算法采用多方向、多尺度的局部加权 PC 作为投票函数来寻找真实的差距,但其功能很大程度上依赖于硬件。闫红石等[114]设计了一种多分辨率方案,以提高 PC 对大视差估计的能力。尽管他们考虑了未来区域的影响,但实验结果表明,他们的方法并不能完全克服弱纹理区域的影响。Argyriou 等[115]设计了一种 PC 运动估计方案,采用四叉树分层框架对运动进行迭代估计。该框架的优点是可以减少运动补偿误差和计算复杂度,但估计的是每个块的运动,而不是每个像素的运动。

考虑到基于 PC 的视差估计方法的鲁棒性和可靠性,我们提出了一种分层策略和可靠性评估策略,以提高框架的鲁棒性,并最大限度地减少弱纹理区域的影响。

5.2.3　并行加速法

随着多核系统的普及,GPU 已经发展成为高度并行的多核系统,可以有效地处理大数据块。特别是计算统一设备架构(compute unified device architecture,CUDA)提供了对虚拟指令集和并行计算元素的直接访问。为了获得立体图像快速处理能力,GPU 是一个有吸引力的发展方向。

目前,许多方法都能够在视频速率下计算密集视差数据,而且大多数方法都包含并行步长。基于 GPU 多线程结构的优势,Zhu 等[130]在 CUDA 上实现了归一化互相关(normalized cross-correlation,NCC)匹配方法,该方法明显提高了计算效率。Sarala 等[131]提出了一种基于 NCC 的节能技术,该技术适用于平行立体匹配。然而,当基线很窄时,这两种方法都无法保持匹配质量[96]。

Kentaro 等[132]提出了一种利用 GPU 加速 PC 的方法来解决计算成本问题。与专用集成电路进行比较,FPGA、GPU 大大提高了计算速度。但是,这种方法不是为立体图像匹配而设计的。在大多数方法中,如果图像块的尺寸相当小,则块的数量将非常大。这会导致内存带宽的限制,对这些方法运行有明显的影响。同样,采用 PC 加速的图像融合方法(见文献[133])也不适用于立体图像匹配。在我们之前的研究工作[14]中提出了一种多块并行相位相关算法来快速估计立体图像的视差。然而,该方法无法克服低可靠性区域和大差异的影响。Alba 等[134]提出了一种实时视觉视频编码方法,该方法利用 PC、SSE2 指令和多核处理的优势,极大地缩小了搜索空间,大大提高了计算速度。

在兼顾效率和精度的基础上,综合考虑加权 PC 算法的稳定性、并行 PC 算法的速度和层次结构的鲁棒性,可以实现对高精度视差图的快速鲁棒估计。

5.3 并行相位相关分层框架

本章采用 PC 来估计高精度视差,但存在以下三个问题:一是 PC 的效率和精度不能保证;二是立体匹配的计算量巨大;三是深度差大、可靠性低的地区效果差,如高山、河流地区。为了克服这些问题,在本节中,我们提出了一种加权 PC,构建了一个基于 GPU 的并行 PC,并将其应用于一个分层框架,以快速鲁棒地估计高质量的视差图。

5.3.1 加权相位相关

PC 是基于傅里叶移位特性的。设 $f_i(\boldsymbol{X})(\boldsymbol{X}=[x,y]^{\mathrm{T}}\in \mathbf{R}^2, i=1,2)$ 是两个图像。设 $F_i(\boldsymbol{U})(\boldsymbol{U}=[u,v]^{\mathrm{T}}\in \mathbf{R}^2)$ 作为 f_i 的傅里叶变换。如果我们设 f_2 为位移,$\boldsymbol{d}=[\delta_x,\delta_y]^{\mathrm{T}}\in \mathbf{R}^2$。然后,将 f_1 和 f_2 的关系定义为 $f_2(\boldsymbol{X})=f_1(\boldsymbol{X}+\boldsymbol{d})$,它们的傅里叶变换为 $F_1(\boldsymbol{U})=F_2(\boldsymbol{U})\exp\left\{-\mathrm{i}\dfrac{2\pi}{W}(\boldsymbol{U}^{\mathrm{T}}\boldsymbol{d})\right\}$。最后,为了提取出相位差,我们获得 $f_i(\boldsymbol{X}), i=1,2$ 的归一化互功率谱:

$$C(\boldsymbol{U})=\exp\left\{-\mathrm{i}\frac{2\pi}{W}(\boldsymbol{U}^{\mathrm{T}}\boldsymbol{d})\right\} \tag{5.1}$$

其中,W 为图像边长。

然后,$C(\boldsymbol{U})$ 可以通过离散傅里叶反变换变换成函数:

$$I(\boldsymbol{X})=F^{-1}[C(\boldsymbol{U})] \tag{5.2}$$

其中,F^{-1} 表示离散傅里叶反变换。负指数的傅里叶反变换是一个克罗内克函数:

$$I(\boldsymbol{X}) = \delta(\boldsymbol{X} + \boldsymbol{d}) \tag{5.3}$$

其中，$\boldsymbol{X} = [x, y]^{\mathrm{T}}$ 是坐标，$\boldsymbol{d}$ 是差值。根据多维函数的性质，式(5.3)可表示为

$$\delta(\boldsymbol{X} + \boldsymbol{d}) = \delta(x + \delta_x)\delta(y + \delta_y) \tag{5.4}$$

其中，$\boldsymbol{X} = [x, y]^{\mathrm{T}}$ 是坐标，$\boldsymbol{d} = [\delta_x, \delta_y]^{\mathrm{T}}$ 是差值。因此，我们可以将二维 delta 函数分为两个方向，如 x 轴和 y 轴。然后，基于一维 delta 函数，构造负幂次函数，定义如下：

$$P(x) = \frac{a}{(x - \delta_x)^2} \tag{5.5}$$

当 $a \to 0$ 时，根据极限性质和洛必达法则，我们得到：

$$\lim_{a \to 0} \frac{a}{(x - \delta_x)^2} = \begin{cases} 0 & x \neq \delta_x \\ 1 & x = \delta_x \end{cases} \tag{5.6}$$

由式(5.6)可知，当 $a \to 0$ 时，构造的负幂次函数满足以下关系式：

$$\delta(x - \delta_x) \approx \lim_{a \to 0} \frac{a}{(x - \delta_x)^2} \tag{5.7}$$

然后，我们可以利用式(5.5)来估计 $I(\boldsymbol{X})$ 的 x 方向位移和 y 方向位移，$\boldsymbol{X} = [x, y]^{\mathrm{T}} \in \mathbf{R}^2$，为了估计 $I(\boldsymbol{X})$ 的峰值位置，式(5.5)至少需要两个点。需要注意的是，峰值的位置不仅可能出现在图像的四个边界，而且也有可能出现在图像的中心。当峰值点位于图像中心时，使用两点来估计峰值位置并不是一个好的选择，因为它会导致一个模糊的解。因此，为了以较低的计算复杂度获得高精度的解，我们提出了一种加权负幂次函数方法，该方法采用三点来估计峰值位置。我们以 x 轴方向为例，根据峰值点 $(x, y) = \arg\max_{x, y} I(\boldsymbol{X})$，在 x 轴方向上选择三个点，包括峰值点 (x, y) 为拟合点。将拟合方程组定义为

$$\begin{cases} P(x_1) = \dfrac{a}{(x_1 - \delta_x)^2} \\[2mm] P(x_2) = \dfrac{a}{(x_2 - \delta_x)^2} \\[2mm] P(x_3) = \dfrac{a}{(x_3 - \delta_x)^2} \end{cases} \tag{5.8}$$

$(x_2, P(x_2))$ 为 x 轴方向上的一维峰位置和峰值，$(x_1, P(x_1))$ 和 $(x_3, P(x_3))$ 分别位于 $(x_2, P(x_2))$ 的左右两侧。

由式(5.8)可知，如果用三个点来估计峰值位置，我们仍然会得到两个模糊

解。因此,为了解决这个问题,我们认为式(5.8)的解有三种情况:第一种情况,如果峰值位置接近匹配窗口的左边缘,则表示位置 x_1 不存在;第二种情况,当峰值位置出现在匹配窗口的右边缘时,会导致 x_3 位置消失;第三种情况,如果峰值位置不在匹配窗口的边缘,则估计的峰值位置可能出现在位置 x_2 的两侧。

对于第一种情况,由于点 x_1 不存在,所以使用点 x_2 和 x_3 来估计亚像素的峰值位置。根据式(5.8),我们得到:

$$\delta_x^{\text{case1}} = \frac{x_2 \mp x_3 \sqrt{\dfrac{P(x_3)}{P(x_2)}}}{1 \mp \sqrt{\dfrac{P(x_3)}{P(x_2)}}} \qquad (5.9)$$

易知,方程(5.9)有两个解。但是,我们选择 x_2 和 x_3 之间的解 $(x_2 < \delta_x^{\text{case1}} < x_3, x_2, x_3, \delta_x^{\text{case1}} \in \mathbf{R})$ 为最佳峰位。

对于第二种情况,我们应用点 x_2 和 x_3 来拟合亚像素峰值位置。然后,根据式(5.8),我们推导出:

$$\delta_x^{\text{case2}} = \frac{x_2 \mp x_1 \sqrt{\dfrac{P(x_1)}{P(x_2)}}}{1 \mp \sqrt{\dfrac{P(x_1)}{P(x_2)}}} \qquad (5.10)$$

对于这两个解,与第一种情况相同,我们选择 $[x_1, x_2](x_1 < \delta_x^{\text{case2}} < x_2$,且 $x_1, x_2, \delta_x^{\text{case2}} \in \mathbf{R})$ 为最佳峰位。

对于第三种情况,基于峰值位置 x_2,我们可以在 x_2 的两边得到两个解。然而,如何将这两种解决方案结合起来,使其更准确地接近真实的峰值位置是一个挑战。根据函数的对称性,我们知道峰值位置越近,函数值越高。因此,在第一种情况和第二种情况的基础上,我们提出了一种加权反比函数拟合算法,该算法对靠近峰值位置的函数值赋予更高的权重。它被定义为

$$\delta_x^{\text{case3}} = \frac{w_1 \delta_x^{\text{case1}} + w_2 \delta_x^{\text{case2}}}{w_1 + w_2} \qquad (5.11)$$

其中,$\begin{cases} w_1 = \exp[kp(x_3)] \\ w_2 = \exp[kp(x_1)] \end{cases}$,$k$ 为实验值,$p(x_1)$ 和 $p(x_3)$ 分别为 x_1 和 x_3 的函数值。在我们的实验中,k 被设为 4。

在估计峰值位置之前,与文献[43][97]一样,我们在相位相关过程中引入了

去噪技术,如汉宁窗和频率低通滤波器,以提高峰值位置估计的精度。

该算法有两个优点:一是与文献[66][69]中的 LCM 算法等多点拟合方法相比,只使用三个点来估计高精度的峰值位置,相对降低了计算复杂度;二是基于函数的对称性,能够使最终的峰值位置的定位更加稳定和准确。

5.3.2　平行相位相关

PC 具有估计高精度位移的优势,但应用于视差估计时,巨大的立体图像匹配计算量将是不小的挑战。我们的实验表明,在文献[115]中,大约 84% 的执行时间花费在视差估计和平滑处理上。由于 PC 可以独立计算各点的视差,基于单指令多数据架构和计算统一设备架构的快速傅里叶变换,我们提出了一种基于 GPU 的加权相位相关算法,称为并行相位相关。

与文献[14]类似,在并行 PC 中,块切模块对提高分层框架的精度起着重要作用。为了有效地为并行算法准备数据块,并使其与分层结构有效配合,我们将参考图像和目标图像作为全局变量保存在纹理存储器中。然后,创建一个具有 N 个线程块的 2D 网格。每个线程按照图像坐标的顺序,将一个 $B \times B$ 的数据段从纹理存储器复制到单独的存储器空间,其中 B 为块边长。最后,准备 N 个独立块对用于计算归一化交叉功率谱[根据式(5.1)],

$$N = \left[\frac{W \times H}{B \times B} \right] \tag{5.12}$$

其中,$W \times H$ 为窗口大小,$[\ ]$ 为取整数运算。

计算归一化交叉功率谱后,同步得到 N 个相位相关面。考虑到每个线程块可用寄存器的内存限制或流处理器的数量限制,我们可能不会同步估计 $W \times H$ 像素的差异,而是估计内存需求满足每个线程块可用寄存器条件的 N 个像素的差异。对于单相位相关曲面,主要的计算任务是寻找主峰,这是一个线性过程。与 GPU 相比,CPU 在处理线性进程方面具有更大的优势。但是,我们仍然将计算任务分配给 GPU,因为 N 个计算任务可以在 GPU 上并行执行。这不仅可以弥补 GPU 在数量上的不足,而且比 CPU 上的串行处理效率高得多。特别是对并行 PC 内核而言,Nsight 系统监测结果表明,整个分层框架的平均流式多处理器活动率高达 98.9%,这意味着这个优化得到了一个明显的平行加速。

5.3.3　快速和稳健的分层框架

为了快速、稳健地估计高质量视差图,我们将并行 PC 和分层框架相结合,提出了基于并行 PC 的分层框架。它包括三部分:层次结构、块切模块和填充方法。

1.层次结构

为了配合块切模块的窗口尺寸更新方法和可靠性评估策略,我们构建了一种分层方法。与文献[111]不同的是,它通过计算最近点的均值来获得层次结构。但是,与文献[67]类似,我们提出的方法的主要思路是采用采样间隔策略从原始图像中获取采样点坐标,并将其作为锚定点从原始图像中复制数据块。

在这一部分中,基于该方法的采样间隔策略[67],可以将原始图像划分为多个层次(在我们的实验中,层次有 4 个)。但是,层次结构中的层次并不是相互独立的,而是依赖于视差估计。例如,上层为下层提供引导(或视差)数据(图 5.2 中的"Xshift"和"Yshift")。也就是说,分层结构是一种串行结构(图 5.2 中左半部分)。在每一层中,核函数,如块切模块、并行 PC 等,都具有数据依赖关系。例如,块切模块为并行 PC 准备数据块,并行 PC 得到视差矩阵,而视差矩阵则是指导块切模块从原始图像中复制数据块的参数之一。因此,核函数之间的关系也是串联的。然而,在每个核函数中,从原始图像复制的数据段是相互独立的,这为并行计算提供了良好的条件;因此,根据数据块之间的独立关系,我们基于 SIMD 结构构建每个核函数的并行结构。考虑到每个核函数的同行性,我们在每个核函数之后增加一个同步函数,用于同步中间数据。但同步功能会导致时钟延迟。特别是在粗级别,由于每个线程的负载大、线程数少,时钟延迟是最差的,而这种情况会随着级别的增加而改善。

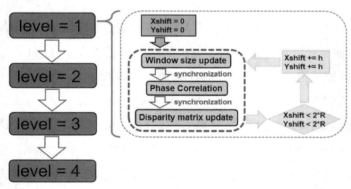

图 5.2 层次结构依赖关系图

图 5.2 左侧方框展示了我们提出的方法的层次结构。右侧粗虚线框表示各级别的数据处理过程,箭头表示层次和核函数的串行过程,内容实线框表示每个

CUDA 内核函数的并行数据处理过程。Xshift 和 Yshift 是 x 轴和 y 轴上的视差。h 是采样间隔。R 是窗口大小的一半。

2.块切模块

块切模块是分层框架的关键阶段。它的主要作用是为不同层次的并行 PC 准备数据块。为了准确估计每个采样点的视差,并行 PC 需要适当的数据块。因此,在复制数据块之前,需要在先验视差矩阵的引导下将采样点移动到新的位置。然后,在新的位置使用相应的窗口大小从纹理存储器中复制准确的数据块。因此,块切模块有两个主要步骤:窗口大小更新和视差矩阵更新。然而,与文献[136]不同的是,我们构建了基于 SIMD 架构的块切模块,其在 GPU 上并行执行。

(1)窗口大小更新。为了最小化边界过长的影响,与文献[125]类似,我们在不同的层次上改变窗口大小。其主要思想:在粗层,块切模块利用大窗口为并行 PC 准备数据截面,估计粗视差矩阵;在精细层,块切模块以较小的窗口切割数据段,帮助并行 PC 细化局部视差,特别是细化边界区域的视差。但与文献[125]不同的是,该步骤从纹理存储器中并行复制数据段(图 5.3)。在每一层,用改变的跟踪参数来指导分块过程,采用更小的窗口大小和采样间隔,将采样点移动到新的坐标,为并行 PC 阶段准备更合适的匹配数据段。

需要注意的是,纹理存储器有两个优点,可以帮助块切模块有效地配合我们的分层结构:第一,它是一种只读存储器,使得图像信息在整个分层框架中保持不变。这一特性有利于块切模块在不同采样间隔下复制原始图像信息。第二,纹理存储器优化了多线程读取数据条件下对 2 维数据的本地访问性能,对于不连续的内存数据读取具有明显的加速作用[135]。因此,基于这两个优点,我们将参考图像和目标图像作为全局变量保存在纹理存储器中。

在该步骤中,窗口大小随着层次的增加而减小,其目的有两个:第一,可以利用初始窗口的相位相关峰来计算可靠阈值,因为文献[123]表明,相位相关峰随着窗口大小的减小而减小,因此确定初始窗口的相位相关峰是最可靠的。第二,小窗口可以帮助并行 PC 尽量减少局部地区的影响。

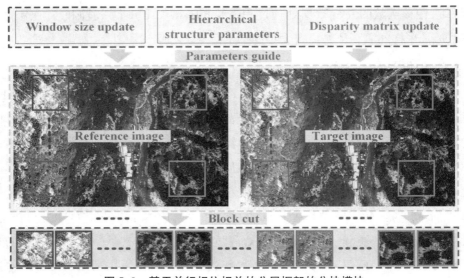

图 5.3 基于并行相位相关的分层框架的分块模块

(2)视差矩阵更新。对于粗视差矩阵的细化,需要在每一层进行更新。因为随着窗口尺寸的减小,PC 的可靠性会受到低可靠区域的显著影响[111][123][125]。因此,在更新 $M(\boldsymbol{X})$ 之前,应采用可靠性评估策略(见 4.4 节)对采样点的可靠性进行评估。如果采样点的视差是可靠的,则更新 $M(\boldsymbol{X})$。视差矩阵更新定义如下:

$$M(\boldsymbol{X}) = \sum_{k=0}^{t} d_k(\boldsymbol{X}) \tag{5.13}$$

其中,$d_k(\boldsymbol{X})$ 为带 W_k 窗口的并行加权 PC 估计的视差矩阵,t 为层次框架的层次。注意,当 $k=0$ 时,我们设 $M(\boldsymbol{X})=d_0(\boldsymbol{X})=O(\boldsymbol{X})$($O(\boldsymbol{X})$ 是零矩阵)。

注意,为了帮助采样坐标移动到更合适的锚定位置,在更新 $M(\boldsymbol{X})$ 之前,填充方法(将在下一小节中描述)使用 $d(\boldsymbol{X}_t)$(采样点的视差矩阵)填充间隙区域,从而获得 $d_t(\boldsymbol{X})$(所有像素的视差矩阵)。

此外,图 5.4 展示了不同层次无人机航拍山地图像对的块切割步流式多处理器活动度:对比(A)和(D)的流式多处理器活动度,我们知道(A)的流式多处理器活动度仅为 9.85%,但(D)的流式多处理器活动度达到 52.61%,每个流式多处理器都得到了有效利用。从图 5.4(A)~(D)中我们可以清楚地看到,流式多处理器的利用率正在增加。结果表明,在粗粒度下,大窗口并行 PC 的并行效率不高,主要原因是大窗口增加了每个线程上的数据量,导致线程块的存储访问时间增加。同时,由于每个线程的负载很大,我们减少了流式多处理器中线程块的数量。

基于这两个原因,流式多处理器在延迟上浪费了大量的时间,从而导致并行架构的性能下降。然而在精细级别上,并行效率变得更高,因为线程数量随着窗口大小的减小而增加。因此,为了最大限度地减少低可靠性和边界区域的影响,该方法在并行效率和精度之间进行了权衡。

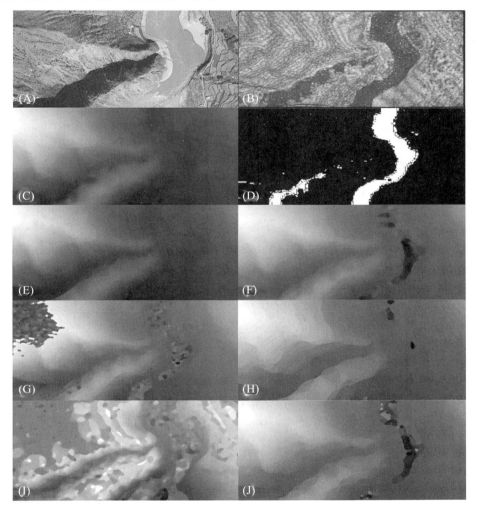

(A)为无人机航拍山地图像对之一;(B)为峰值矩阵的图像格式;(C)是我们的方法的视差图;
(D)为低置信度区域的标记图像,其中白色区域为低置信度区域;(E)和(F)分别是文献[98]采用和不采用视差评价方法的视差图;(G)和(H)分别为文献[63]中窗口尺寸为 32×32 像素和 128×128 像素的视差图;(I)和(J)分别为文献[111]中窗口尺寸为 16×16 像素和 64×64 像素的视差图。

图 5.4　可靠性评估策略的一个实例

3.填充方法

当原始图像被划分为多层结构时,加权 PC 无法估计采样间隔的差异,从而产生间隙区。为了快速填充空白区域和平滑填充的视差矩阵,与文献[125]中使用的填充方法不同,我们基于小窗口中值滤波器和双线性插值方法,提出了一种新的填充方法,该方法包含两个步骤:首先,使用小窗口(5×5)的中值滤波器平滑每个层次的视差图,以减少离群点的影响;其次,采用双线性插值方法对间隙区域进行填充。与文献[125]中的方法相比,该方法具有更高的计算效率(约为文献[125]的 5 倍)。注意,中值过滤器算法具有处理离群点和保护边界的优点,但计算效率对窗口大小比较敏感。在文献[125]中,与小窗口相比,大窗口中值滤波器平滑填充的运动矩阵所需的时间要长得多,但得到的边界区域比我们提出的方法得到的边界区域更清晰一些。然而,为了提高计算效率,笔者采用小窗口中值滤波和双线性插值方法对间隙区域进行填充和平滑。

5.3.4　GPU 可靠性评估策略

对于一些真实的立体图像对,随着窗口尺寸的减小,可靠性较低的区域(如阴影区域和河流区域)会显著影响 PC 的可靠性。为了保证视差矩阵的可靠性,特别是最小化低可靠性区域的影响,我们在框架中引入了一种类似于文献[125]的可靠性评估策略。不同的是,我们先将阈值评估步骤嵌入视差矩阵更新核函数,并使可靠性评估策略在 GPU 上并行执行。然后根据峰值矩阵的最大值得到阈值。

$$T_{th} = \alpha \max\{H(\boldsymbol{X})\} \tag{5.14}$$

其中,α 为常数参数,$H(\boldsymbol{X})$ 为由 $I(\boldsymbol{J})$ 的峰构造的峰矩阵,$\boldsymbol{J} = (i, j)^{\mathrm{T}} \in \mathbf{R}^2$。

由于 PC 峰值受小窗口和低可靠性区域面积的影响较大,我们采用一阶峰值矩阵来计算 T_{th}。之所以在第一层使用最大的窗口来获取 PC 峰值是因为最大的窗口在我们的层次结构中具有最高的可靠性。图 5.4(B)显示了 $H(\boldsymbol{X})$ 在最精细级别下的图像格式。然后,以第一级的 T_{th} 作为可靠度参数,评估各视差的可靠度。如果采样点的峰值大于 T_{th},则认为该采样点的视差是可靠的,并将其附近区域标记为可靠性区域;否则,我们将其附近区域标记为低可靠性点。在图 5.4(D)中,可靠性评估策略将低可靠性区域标记为白色。从图 5.4(D)中可以看出,可靠性评估策略正确标注了低可靠性区域,如弱纹理区域和河流区域。

图 5.4 表明,可靠性评估策略提高了我们提出的方法的鲁棒性。然而,其他方法无法获得高质量的视差图。在图 5.4 中,32×32 窗口的方法无法最大限度地减少高山、树荫和河流地区的影响。从图 5.4(H)中可以看出,采用大窗口的方法可以克服高山区域的影响,但存在较强的楼梯效应。从图 5.4(I)(J)中可以看

出,分层方法无法克服河流区域的影响。在小窗口的情况下,文献[111]中的方法不仅无法克服河流区域面积的影响,而且无法准确估计高山的差异[图 5.4(I)]。图 5.4(E)(F)分别为采用可靠性评估策略和不采用可靠性评估策略时文献[67]中的方法的结果。与文献[67]中的方法类似,我们提出的方法借助可靠性评估策略将低可靠区域的影响最小化[结果如图 5.4(C)所示]。

5.4 实验与结果

在本节中,我们对实验环境和结果进行了详细的描述。硬件环境基于 AMD Athlon(tm)Ⅱ X2 240 CPU@2.80GHz、RAM(Random Access Memory) 4G 和 NVIDIA GTX760。软件环境基于 MATLAB 2015a、Microsoft Visual Studio 2012 和 CUDA 6.5。为了评估我们提出的方法的性能,我们将其与最先进的方法[14][96][111][115][125]和 Agisoft 立体扫描软件进行了比较,为了探索所提方法的鲁棒性和高效性,在合成图像和真实图像上对所有比较方法进行了测试。

5.4.1 合成图像对比

为了对我们提出的方法进行定量评价,我们创建了一个合成图像对。为了实现这一点,我们生成了一个大小为 512×512 像素的脉冲噪声(噪声密度为 0.5)立体图像对。在目标图像中,我们在 x 轴上平移了一个大小为 100×100 像素 $\times 1.5$ 像素的中心正方形补丁,以模拟 1.5 像素的亚像素平移。图 5.5(A)为合成图像对。

我们在合成图像上测试了层次方法[111]、层次自适应相位相关方案[67]、GPU 方法[14]和我们的方法。初始参数设置如下:文献[14][111]使用 32×32 窗口作为初始窗口;文献[67]和我们提出的方法将初始窗口、初始采样间隔和初始运动矩阵的初始参数分别设置为 128×128 像素、16 像素和 0。基于层次结构的文献[67][111]中的方法在 MATLAB 平台上进行了测试,并在 Microsoft Visual Studio 环境下与文献[14]中的方法进行了比较。因此,我们假设上述方法具有最合适的初始条件和环境。

由图 5.5 可知,我们的方法具有测量亚像素视差的能力。将我们的方法和文献[14][67][111]中的方法的视差网格图进行视觉比较。从图 5.5 中可以看出,与图 5.5(C)~(E)相比,图 5.5(B)的表面和条纹细节更加光滑。这是由于双线性插值上样方法的平滑效果,但不能很好地保护边界[图 5.5(B)中中心方形斑块的边界区域]。然而,在后处理步骤中,双线性插值上样本方法明显减少了我们的方法的时间消耗。

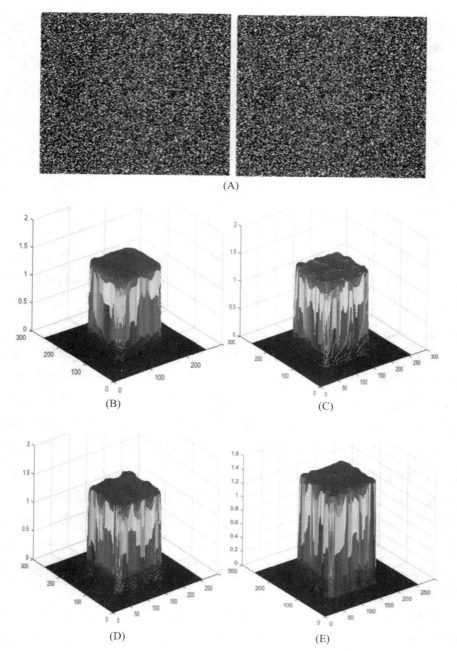

（A）为脉冲噪声图像对（在参考图像中移动大小为 100×100 像素 $\times1.5$ 像素即可得到目标图像）；（B）是我们的方法的实验结果；（C）为文献[67]的实验结果；（D）为文献[14]的实验结果；（E）为文献[111]的实验结果。

图 5.5　不同方法合成图像对比

表 5.1 给出了三个数据的比较:差异均值、均方根误差和时间消耗。表 5.1 的第一列和第二列分别表示移除 10 个边框像素后运动窗口的差异均值和均方根误差。数据表明,文献[14][67][111]中的方法和我们的方法可以在亚像素精度下显示正方形形状。该方法恢复的正方形图像的差异均值为 1.5020 像素,均方根误差为 0.0123 像素。从表 5.1 最右边的一列可以看出,与 CPU 方法[67][111]相比,我们的方法和文献[14]中的方法的时间消耗更少。此外,我们的方法与文献[14]中的方法的时间消耗相似,但基于分层框架和可靠性评估策略,我们的方法在处理大差异和低可靠区域时比文献[14]中的方法更具鲁棒性(这将在下一小节中描述)。综上所述,如果不考虑边界区域的影响,我们的方法不仅大大减少了时间消耗,而且提高了精度。

表 5.1 差异均值、均方根误差与时间消耗的比较

方法	差异均值	均方根误差	时间消耗(s)
文献[111]中的方法	1.5110	0.0143	90.28
文献[67]中的方法	1.5110	0.0149	66.67
文献[14]中的方法	1.4856	0.0153	5.29
我们的方法	1.5020	0.0123	5.36

5.4.2 实景对比

在本节中,我们选择了三对真实的无人机航拍图像与我们提出的方法进行视觉对比(图 5.6~图 5.8)。图 5.6~图 5.8 的图像尺寸分别为:1188×792 像素、1068×712 像素和 1404×963 像素。在本节中,除了文献[63][98][56]中的方法,我们还增加了三种方法:文献[96][124]中基于 PC 的方法和 Agisoft 立体扫描软件,以便更有效地说明我们提出的方法的性能。文献[96][124]中的方法的初始参数与文献[14]中的方法相同,因为它们的实验结果表明这些初始参数是最好的。另外,在我们的实验中,基于傅里叶变换和快速傅里叶变换的峰值是不同的,根据第一级峰值矩阵的统计结果,我们提出的方法的可靠性评估策略常数设为 0.25。需要注意的是,本书中的视差三维网格模型并不是真正的数字高程模型,但它们并不影响算法性能的分析和比较。

(1)无人机航拍山区图像。从图 5.6 圈出的椭圆中我们发现,固定窗口方法[14][96][124]难以充分估计高山的视差;图 5.6(B)(F)(G)(H)展示了分层方法[67][111]的结果,Agisoft 立体扫描软件和我们提出的方法可以很好地恢复高山的形状。值得指出的是,该方法利用分层框架和可靠性评估策略的优势,最大限

度地降低了弱纹理和大视差的影响;同时,基于并行框架,我们提出的方法的时间消耗远低于 CPU 方法[67][96][111][124],接近 GPU 方法[14] 和 Agisoft 立体扫描软件的结果(见图 5.9 中"Fig.6"的条形图)。

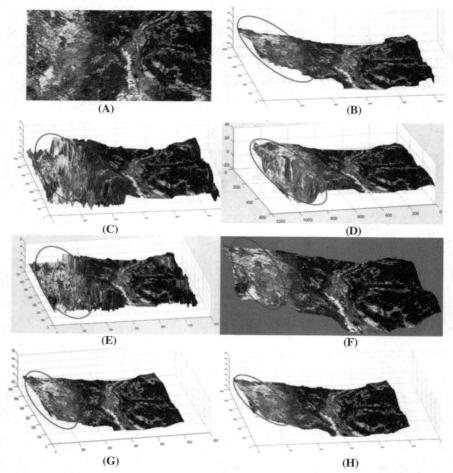

(A)为山区无人机航拍图像一幅;(B)为文献[111]中的方法的结果;(C)为文献[14]中的方法的结果;(D)为文献[96]中的方法的结果;(E)为文献[124]中的方法的结果;(F)是 Agisoft 立体扫描软件的结果;(G)为文献[67]中的方法的结果;(H)是我们提出的方法的结果。

图 5.6　真实的无人机航拍山区图像与各种方法的视觉对比

实验结果表明,我们提出的方法能够充分揭示提取无人机航拍山区图像的场景结构,比固定窗方法[14][67][96]具有更强的鲁棒性,与分层方法[56][98] 和 Agisoft 立体扫描软件相似,可以最大限度地减少高山区域的影响。

在本实验中,我们选取了一组具有挑战性的无人机航拍图像,其中包含高山、阴影和河流区域。图 5.7 展示了文献[14][67][96][111][124]中的方法、Agisoft 立体扫描软件和我们的方法的三维纹理视差网格图。图 5.7 中的矩形和椭圆区域表明了文献[67]中的方法和我们的方法具有良好的鲁棒性。文献[111]借助分层结构恢复了高山的形状,与文献[67][96][111][124]相比,它利用了并行框架;我们的方法的加速大约是 20 s(见图 5.9 中"Fig.7"的条形图)。

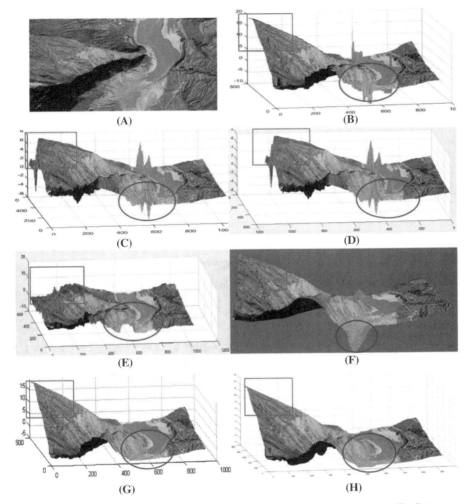

(A)为一幅无人机航拍河谷图像;(B)为文献[111]中的方法的结果;(C)为文献[14]中的方法的结果;(D)为文献[96]中的方法的结果;(E)为文献[124]中的方法的结果;(F)是 Agisoft 立体扫描软件的结果;(G)为文献[67]中的方法的结果;(H)是我们提出方法的结果。

图 5.7 无人机航拍河谷图像与各种方法的视觉对比

实验结果表明,我们的方法和文献[67]中的方法充分揭示了提取高山区域和河流区域的场景结构,而文献[14][96][111][124]中的方法和 Agisoft 立体扫描软件受到高山、阴影和河流区域的影响。

(2)无人机航拍高山图像。本实验使用的无人机航拍图像是从长江岸区拍摄的,其中包含高山和河流区域。文献[14][67][96][111][124]、Agisoft 立体扫描软件和我们的方法的实验结果如图 5.8 所示。

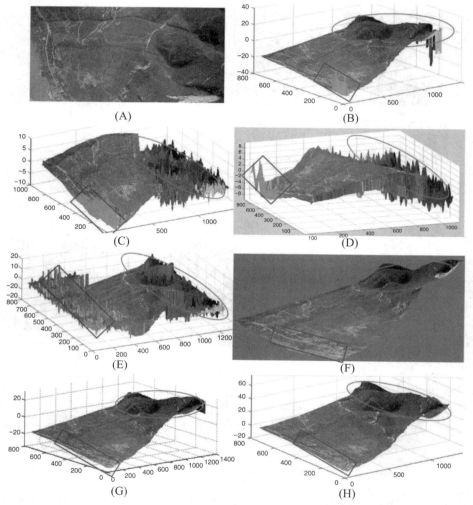

(A)为一幅无人机航拍高山图像;(B)为文献[111]中的方法的结果;(C)为文献[14]中的方法的结果;(D)为文献[96]中的方法的结果;(E)为文献[124]中的方法的结果;(F)是 Agisoft 立体扫描软件的结果;(G)为文献[67]中的方法的结果;(H)是我们的方法的结果。

图 5.8　不同方法的实验结果

从图 5.8 中的矩形框我们发现,文献[14][96][111][124]中的方法很难克服河流区域的影响。然而,从图 5.8(F)(G)(H)可以看出,我们的方法、Agisoft 立体扫描软件和文献[67]中的方法明显降低了河流区域的影响。因为,在可靠性评估策略的帮助下,我们的方法和文献[67]中的方法在精细层次上减少了低可靠性点的影响。在我们的实验中,我们尝试采用文献[128-129]中引入的可靠性评估方法对文献[111]中的方法进行改进,但该方法并没有包含很好的填充方法来处理大的低可靠性区域,如弱纹理区域和河流区域。

在图 5.8 中,椭圆突出了高山的峰顶。图 5.8(B)～(E)展示了文献[14][96][118][135]中的方法易受大视差影响,难以恢复高质量的高山景观结构。然而,从图 5.8(F)～(H)可以看出,我们的方法、Agisoft 立体扫描软件和文献[67]中的方法可以很好地恢复高质量的高山场景结构,因为分层框架缩短了大视差的相对距离,使得用小窗口估计大视差成为可能。

综上所述,由图 5.6～图 5.8 可知,与文献[14][96][111][124]中的方法相比,我们的方法在处理高山、阴影、河流区域时具有更强的鲁棒性。同时,我们的方法比其他方法估算出高质量的视差图所需的时间更短,时间复杂度的详细分析将在下文进行。

通过视觉对比,我们的方法优于文献[14][96][111][124]中的方法,与文献[67]中的方法和 Agisoft 立体扫描软件相似。接下来,我们详细地比较了各方法的时间复杂度分析和时间消耗。

对于时间复杂度分析,我们侧重于分析视差估计算法的时间复杂度,忽略了滤波方法在后处理阶段的时间复杂度。由于固定窗口 PC 是在 CPU 上串行执行的,文献[96][124]中的方法的时间复杂度相似,大约为 $O(M \times N \times T_w)$,其中 $M \times N$ 为图像大小,T_w 为 PC 的时间复杂度。为了提高计算效率,文献[67][111]中的方法采用分层结构,每一层都包含一个循环结构。因此,它们的时间复杂度为 $O\left[\dfrac{1-b^{2T}}{(1-b^2)b^{2T}}(M \times N \times T_w)\right]$,其中 $M \times N$ 为图像大小,b 为样本函数基,T 为最大迭代次数,T_w 为 PC 的时间复杂度。在 GPU 的辅助下,如果有足够的内存和流处理器,文献[14]中的方法的时间复杂度为 $O(T_w)$,因为 PC 步骤在 GPU 上只执行一次。同样,在我们提出的方法中,在足够的内存和流式处理器的情况下,PC 在每个级别也只执行一次。但是层次框架在不同层次之间具有串行依赖关系,因此,我们提出的方法的时间复杂度为 $O(T \times T_w)$,其中 T 为最大迭代次数。

以上分析表明,文献[67][111]中的方法的层次框架和我们提出的方法具有序列性。但是,由于每一层采样点的串行执行次数较少,与文献[96][124]中的方法相比,文献[67][111]中的方法具有更好的时间复杂度。对于并行方法,如果GPU上的内存和流式多处理器足够,并行相位相关阶段的执行时间相似,但由于分层框架级别之间的依赖关系,我们的方法的时间复杂度略高于文献[14]中的方法。实际上,由于我们提出的方法在每一层的采样点更少或者窗口尺寸更小,所以在每一层的时钟延迟都比文献[14]中的方法的要小。因此,与文献[14]中的方法相比,我们提出的方法所消耗的时间可能远小于 T 倍。从图5.9可以看出,实验结果与复杂度分析结果是一致的。

为了节省时间,我们在相似的平台上执行相似的方法,并假设所有方法都有一个最佳相似的初始条件。时间消耗的实验结果如图5.9所示。图5.9中的条形柱分别代表文献[14][67][96][111][124]中的方法、Agisoft立体扫描软件和我们的方法。从图5.9可以看出,我们提出的方法的时间消耗与文献[63]中的方法和Agisoft立体扫描软件的相似,但比它们耗更长一些。然而,与基于PC的方法[67][96][111][124]相比,我们的方法和文献[14]中的方法大大减少了时间消耗,速度大约加快了25倍。值得指出的是,受分层框架的依赖关系和并行架构的时钟延迟的影响,我们的方法只是比文献[14]中的方法的时间消耗多一点,而受固定窗口的限制,文献[14]中的方法不能鲁棒地最小化大视差和低可靠性区域的影响[图5.6(C)、图5.7(C)、图5.8(C)]。

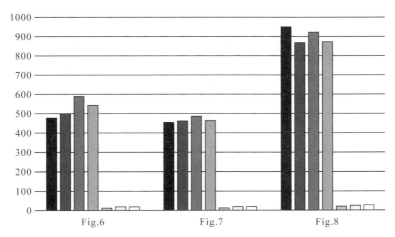

图 5.9 文献[14][67][96][111][124]中的方法、Agisoft 立体扫描软件与
我们的方法的时间消耗比较

为了进一步证明文献[14]中的方法的局限性,我们在一对卫星图像上测试了
我们的方法和文献[14]中的方法的时间和视觉对比,实验结果分别如图 5.10 和
图 5.11 所示。从图 5.11 可以看出,我们的方法的时间消耗与 32×32 窗口大小
的文献[14]中的方法相似。然而,文献[14]中的方法的时间消耗和准确性容易受
到窗口大小的影响。当窗口尺寸较大时,文献[14]中的方法的时间消耗剧增(见
图 5.11 中三角形最小角度指向"64×64 窗口"),且难以将楼梯问题和边界过伸
问题的影响最小化[图 5.10(B)];当窗口尺寸较小时,文献[14]中的方法的时间
消耗较少,但无法准确估计大视差[图 5.10(C)、图 5.11 中指向"32×32 窗口"的
角度端点],这清楚地表明,对于该卫星图像对,32×32 窗口尺寸并不是文献[14]
中的方法的最佳尺寸。由图 5.12 可知,分块步长流式多处理器的活跃度不是很
高。这意味着,在合理的条件下,如果我们提高同一时钟上的线程数,我们提出的
方法的并行效率可能会得到有效提高。值得指出的是,在上述分析的基础上,我
们重新设计了分层框架,并在 FGPA 上进行了测试,取得了一些初步成果。因
此,我们的方法在功耗、耗时和鲁棒性方面,甚至 Agisoft 立体扫描软件,都有超
过文献[14]中方法的潜力。

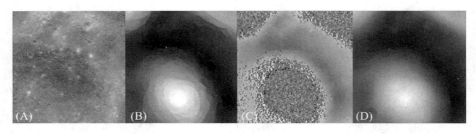

（A）为原始图像；（B）为文献［14］中的方法的视差图，窗口大小为 64×64 像素；

（C）为文献［14］中的方法的视差图，窗口大小为 32×32 像素；（D）是我们的方法的视差图。

图 5.10　不同方法的视差图对比

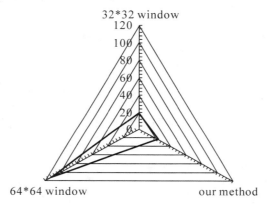

图 5.11　文献［14］中的方法与我们的方法的时间对比

上述实验表明，与文献［67］［96］［111］［124］中的方法相比，我们提出的方法明显减少了时间消耗，并继承了低可靠性区域影响最小化的优势。与文献［14］中的方法相比，我们提出的方法不仅保证了较低的时间消耗，而且在处理低可靠性区域时具有更强的鲁棒性。与一些商业软件程序，如 Agisoft Steroscan 软件相比，我们的方法的时间消耗与之接近，但与文献［67］中的方法相似，在处理无人机航拍图像方面，我们提出的方法的性能仍然较弱。因此，尽管并行相位相关分层框架改善了基于 PC 的视差估计方法的时间消耗，克服了低可靠性点的影响。但图 5.12 显示，一些内核函数（如块切模块）并没有充分地利用流式多处理器（所有流式多处理器的最高活跃度仅为 52.61%）。主要原因是，在分层框架中，特别是在粗糙层，单线程的负载很大，我们提出的方法减少了线程和网格的数量，保证了程序在 GPU 上的平稳运行，但导致了时钟同步延迟。但是，从图 5.12（A）～（D）中可以看出，随着层次级别的增加，我们提出的方法中流式多处理器的活跃度明显提高。因此，在每一个层面上，我们提出的方法都有很大的改进空间。研究并行 PC 算法的确切特性是笔者正在进行的工作的主题,同时设计硬件设备的低功耗并行架构是笔者正在研究的另一个主题。此外,笔者还在开发、定制和集成正则化的程序,以进一步优化差异估计和计算效率。

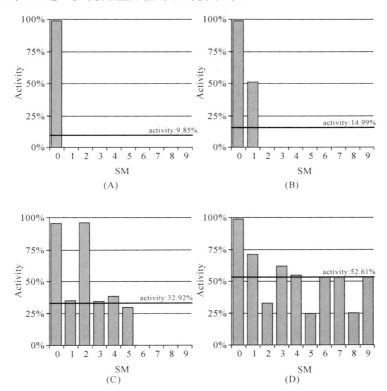

（A）（B）（C）（D）分别表示流式多处理器在第一层、第二层、第三层、第四层的活动程度。

图 5.12　Nsight 监视器的一组实验结果

5.5　小结

本章建立了一种基于并行 PC 的快速揭示遥感图像高质量场景结构的分层框架,该框架主要包括以下三个部分:一是引入加权相位相关峰值拟合算法,高效、稳定地估计高精度视差;二是在分层框架中引入基于 GPU 的并行 PC 算法,降低立体匹配阶段的时间消耗;三是为了提高整个系统的执行效率,对分层框架的填充和可靠性评估步骤等多个阶段进行改进。实验结果表明,与现有的方法相比,该方法的计算速度明显提高,对具有挑战性的图像的场景结构具有更强的鲁棒性。

第 **6** 章

基于视差图融合的
三维超分辨率重建算法

6.1 引言

在过去二十年里,二维图像超分辨率(super-resolution,SR)方法被广泛研究。伴随着超分辨技术的发展,它们向不同的研究领域进一步延伸。超分辨图像重建也被应用到了许多应用场景[136-140](诸如医学成像、视频监控、人脸识别、视频帧和卫星成像等)以更有效地分析和诊断低分辨率图像(low-resolution,LR)。随着基于激光和红外光技术的主动三维扫描设备的快速发展,深度扫描设备的应用为用户提供了更舒适的交互体验。进而,研究者们开始了对三维影像的超分辨率研究。因此,二维图像超分辨率研究为三维影像的超分辨率研究提供了大量的理论和技术基础。然而,三维影像的超分辨研究由于其面向的对象不同,又面临许多新的挑战。

如今,基于激光和红外光技术的三维超分辨率方法成为计算机视觉领域中的主要研究方向之一。这些方法也已经找到了许多实际应用,例如生物识别、地球科学和文化遗产数字档案等[141-142]。三维超分辨率方法首先在基于激光三维扫描的设备上进行了研究。然而,基于激光的三维扫描设备对于计算资源来说成本较高、体积较大。因此,许多基于红外光技术的商业三维扫描设备由于成本较低,开始引起研究人员的注意,如飞秒(time of flight,ToF)相机和 Kinect 深度相机。并且,发明了许多基于这些扫描装置的三维超分辨率算法(参见最近文献[141][143][144]),这些方法可以被归为主动三维超分辨方法。然而,笔者注意到近年来,几乎没有基于被动影像的三维高分辨率重建的相关文献报道。

本章提出了一种新颖的融合方法,它是针对基于被动图像的三维高分辨率重建处理而特别设计的,用以尽可能地提高稀疏三维点云的分辨率。该方法包含三个主要处理模块:视差图提取模块、投影融合模块和点云优化模块。首先,在视差图提取模块中提出了 GPU-PC 方法,用于快速处理由被动图像立体视觉扫描设备获取的图像序列,以提取视差图序列。其次,提取的视差图序列被提供给投影融合模块,该模块使用基于 GPU-PC 的投影融合(projection fusion,PF)方法在三维空间中直接融合视差图序列。这样,可以获得包含不规则表面的更高分辨率的三维点云。最后,通过点云优化模块将不规则表面转换为等值曲面。由文献[96]中的方法生成的点云与我们的方法重建的点云结果之间的比较如图 6.1 所示。与文献[96]中的方法生成的点云相比,我们的方法重建的点云结果包含更密集的点云空间结构,更清晰的边界和表面信息。

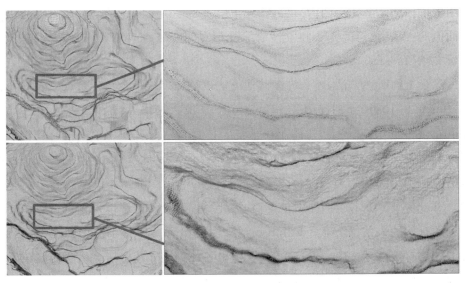

图 6.1 文献[96]中的方法生成的点云及其局部放大结果(上图)和
我们的方法重建的点云及其局部放大结果(下图)

综上所述,我们的方法具有以下特点:

(1)我们提出一种新颖的融合方法,它是专为基于被动影像的三维高分辨率重建过程而设计的。许多先前的方法主要是基于主动三维扫描设备进行高分辨率三维重建,且用于被动三维高分辨率重建的方法很少。

(2)提出一种基于 GPU 的 PC 方法,用于快速提取图像序列的视差图以及快速估计投影函数的偏移参数。

（3）提出了一种新的投影融合方法，以融合三维空间中的视差图。充分利用相位相关方法的亚像素密集配对特性和视差图的三维结构刚体变换关系，以获得高分辨率的三维点云。

6.2　相关工作

从二维到三维，已有很多处理超分辨率的方法，可以粗略地分为三类：二维图像超分辨率方法、基于深度相机的三维超分辨率方法、三维模型的纹理超分辨率方法。

（1）二维超分辨率方法。关于彩色颜色或强度图像的基于二维图像超分辨率方法已经具有很好的研究成果[145-147]。该方法能配准多个低分辨率帧，然后估计出图像堆栈的高分辨率图像。另外，关于解决超分辨率问题的研究还可以分为基于插值的方法、重建的方法和统计或深度学习的方法[148]。更多的调查信息可以参看文献[149-150]。

除了上面所述方法，还有许多其他方法也被提出。结合与光度线索及透镜散焦，Rajan 和 Joshi 分别提出了一个超分辨率联合优化算法，见文献[151-152]。Andrey 和 Nasonov 等[153]提出了一种基于具有高斯权重的加权中值滤波的图像超分辨率重建的非迭代方法。Suresh 和 Rajagopalan 等[154]通过使用基于不连续自适应正则化的马尔可夫随机场（Markov random feld，MRF）生成高分辨率图像。Shan 等[155]提出了一种用于自动增强图像/视频分辨率以保留局部细节结构信息的有效的上采样方法。Robinson 等[156]提出了一种基于傅里叶小波正则化反褶积的有效恢复方法。Zhang 等[157]提出了一种用于超分辨率图像重建的双通道混合内插算法，包括低频域中的三次 B 样条线性内插和高频细节中的边缘内插算法。Zibetti 和 Mayer 等[158]减少了成本函数中项的数量，以降低计算复杂度。

同时，随着快速先进的硬件技术，许多基于硬件的超分辨率方法也得到了广泛地研究。基于硬件的超分辨率系统[159]使用来自解码块的现有运动估计的方式被呈现，旨在降低存储器成本。Bowen 提出了一种加权平均超分辨率算法，结合现有快速和鲁棒的多帧超分辨率算法在硬件上进行实现[160]。Szydzik 和 Nunez 等[161]提出了一种非迭代超分辨率方法，并且仅使用片上 FPGA 内部块 RAM 存储器输出令人满意的图像质量。Upla 等[162]提出了一种基于对轮廓系数的学习以保持超分辨率图像边缘的快速方法。Angelopoulou 等研制了一种在 FPGA 硬件上产生超分辨率图像的自适应图像传感器[163]。Chu 等[164]指出,上述关键问题影响了高清晰度移动设备的显示质量,并且提出了一种基于移动设备重建高分辨率图像的高效且有效的算法。

(2)基于深度相机的三维超分辨方法。基于深度相机的三维超分辨率的研究第一次将超分辨率理论从二维空间扩展到三维空间。基于深度相机的三维超分辨方法可以分为两种技术:一种是基于深度数据和图像信息的三维超分辨率方法,另一种是仅对深度数据进行三维超分辨率的方法。

对于将融合深度数据与图像信息的三维超分辨率方法,它们对深度数据进行去采样和去噪的主要策略是充分利用来自靠近深度传感器的视点的高分辨率图像的信息。它们的核心是利用图像信息和深度数据之间的简单统计关系,包括深度图和高分辨率图像的联合特征,以及几何平滑度和均匀颜色之间的共生性[165-166]。这些方法具有高计算效率,但是它们易受来自强制统计模型的噪声的影响。

对于仅根据深度数据进行超分辨率的方法,其核心思想是仅通过融合略微偏移视点拍摄的静态场景深度数据来增强分辨率。Kil 等[146]是最早利用这种想法并提出基于激光方法的人。密集数据和低随机噪声为其提供了前提条件。此外,它们可以通过从具有相关联的高斯位置不确定性地对准扫描点进行常规重采样来获得良好的结果[144]。鉴于激光三维扫描仪器的高额成本,许多研究人员将他们的注意力转向到了成本更低的 ToF 相机。基于一组低分辨率深度数据,Rajagopalan 等[168]提出了马尔科夫随机场超分辨率方法,其将超分辨率三维表面制定为给定若干低分辨率深度数据的最可能的表面。它利用邻域系统来实现在相邻深度数据之间的边缘保持平滑。然而,对于复杂参数和非凸的先验公式的缺点,它需要更复杂的解算器。在同一时期,Suonon 等[143-144]提出了在三维空间域中的另外两种新的超分辨率方法,它们可以有效地提高深度图像的分辨率。然而,由于在平滑区域中缺乏噪声抑制,会产生阶梯效应。

(3)三维形状的纹理超分辨率。多目相机三维形状纹理超分辨率的研究方法是第一个不借助深度相机实现的三维超分辨率方法。近年来,许多先进的立体重建方法被提出,它们不仅消除了对深度相机的依赖,而且扩大了三维超分辨率的应用范围。然而,仍然只有少数特别相关的方法涉及如何从视点冗余度超分辨精细外观细节。Goldluecke 提出了一个曲面超分辨率模型[169-170],该模型认为曲面特性对多视图几何中的纹理超分辨率有影响,并且获得良好的全局超分辨率结果。需要指出的是,该模型超分辨率结果在局部区域有一些缺陷。考虑到多个视点和时间帧的冗余信息,Tsiminaki 等[171]提出了统一的框架用于估计对象的高分辨率纹理的两种可能性。该模型将三维形状纹理超分辨率方法的应用范围扩展到非刚性对象,并且得到了比文献[169-170]更清晰的局部细节信息。

6.3 基于视差图融合的三维超分辨率重建算法的架构

本节将完整地介绍基于视差图融合的三维超分辨率重建算法的架构。基于被动影像三维超分辨率重建框架的完整流程如图 6.2 所示。

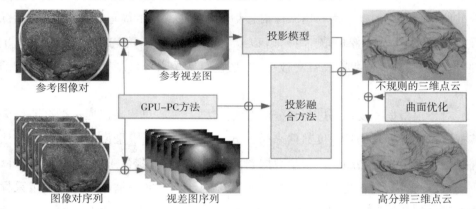

图 6.2 基于被动影像三维超分辨率重建框架的完整流程

6.3.1 视差图提取

与基于深度相机的主动扫描方法不同,基于普通商用数码照相机的被动扫描方法不能直接获得深度数据。对于基于普通商业数码照相机提取视差图,重要的是设计快速有效的视差估计方法。

最近的研究[42][96]表明,相位相关方法可以应用在三维重建中。这里,我们采用类似于文献[96]中的方法,但是差异估计中的关键挑战在于针对巨大数量的图像块对的相位相关计算。尽管窄基线和中央处理单元多线程并行框架允许多个小图像块并行的估计视差,但在单台计算机的条件下,仍然难以满足快速计算的需求。

因此,基于 GPU 的单指令多数据架构和计算统一设备架构库的高度优化的快速傅里叶变换,我们提出了基于 GPU 多块并行的计算方法,称为 GPU 相关方法(GPU-PC),这样每个像素的 PC 计算独立于其他像素且能快速提取差异。在新方法中,块划分过程对于提高并行计算水平起着至关重要的作用。其具体的块划分过程、归一化互功率谱求解过程和亚像素视差求解过程可以分别通过第 4 章中式(4.4)~式(4.7)进行求解。

在这种情况下,我们可以极大提高视差图的求解速度,并获得所需的视差图。CPU 和 GPU 的运行时间比较见表 6.1,以及真实图像对的视差图实验对比如图 6.6(a)所示。

6.3.2　投影融合

由 2.1 节可知,我们可以快速提取目标图像序列与参考图像的视差图。这里,我们的目标是求解刚体运动变换参数以在三维空间中对视差图进行融合。令 m 表示三维空间中六个自由度的刚体运动。通过运动函数 m,可以将输入视差图序列 $S(x,y)$ 的像素精确地融合到参考图 R 中。因此,我们提出了一种基于稠密对应的融合方法,称为投影融合方法,其建立并扩展了 GPU-PC、傅里叶梅林变换(Fourier-Mellin transforms,FMT)和相机投影矩阵[101]。我们将它们集成到专门针对三维空间中的视差图融合的流程中。目前,它是一种新颖的算法,使用视差图直接获得高分辨率的三维点云。

首先,FMT 和 GPU-PC 被用于快速提取目标视差图序列及参考视差图的相似性变换亚像素级参数,如图 6.3 中所示的图像 S_1 和 R。然后,将相机标定矩阵与相似变换参数结合,在三维空间中对视差图进行融合以获得更高分辨率的三维点云,参见图 6.3 中的虚线窗口。同时,图 6.3 展示了投影融合方法。

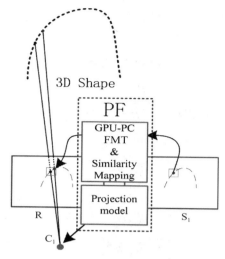

R 是参考图像的视差图；S_1 是样本序列中的一个视差图；

C_1 是扫描设备中的一个摄像头；箭头连接的实线小正方形窗口表示相对应的窗口对。

图 6.3　投影融合方法示意图

根据 FMT 和 GPU-PC 方法的相似匹配特性，投影融合方法能够提取每个像素的亚像素级配准参数。注意，由于关于 z 轴的参数作为视差图的强度值，所以视差图的二维相似变换参数是影响平移函数的主要原因。因此，为了构建目标视差图序列和参考视差图之间的二维平移函数，它们应当满足傅里叶移位特性：

$$f(x,y) = g(\sigma(x\cos\alpha + y\sin\alpha) - T_x, \sigma(-x\sin\alpha + y\cos\alpha) - T_y) \quad (6.1)$$

其中，α,σ 和 (T_x,T_y) 分别表示旋转、尺度以及平移，$g(x,y)$ 表示目标视差图序列，$f(x,y)$ 表示参考视差图。

它们的傅里叶变换关系如下：

$$F(u,v) = e^{-iP_s(u,v)}\sigma^{-2}\left|G\left[\sigma^{-1}(u\cos\alpha + u\sin\alpha), \sigma^{-1}(-u\sin\alpha + u\cos\alpha)\right]\right|$$

$$(6.2)$$

其中，$P_s(u,v)$ 表示 $f(x,y)$ 的光谱相位。

根据光谱幅度的平移不变性，我们可以得到以下等式：

$$|F(u,v)| = \sigma^{-2}\left|G\left[\sigma^{-1}(u\cos\alpha + v\sin\alpha), \sigma^{-1}(-u\sin\alpha + v\cos\alpha)\right]\right| \quad (6.3)$$

然后，基于光谱原点的不变性，我们可以使用光谱幅度的对数极坐标映射来解耦旋转和缩放，获得满足傅里叶移位属性的方程：

$$F_{pl}(k,l) = \sigma^{-2}e^{-i2\pi[k(\log\sigma)+l\alpha]}G_{pl}(k,l) \quad (6.4)$$

其中,$\log\sigma$,α 表示相位移动。

最后,根据 4.3.1 节中的等式,再通过两次使用 GPU-PC 方法依次求解 α,σ 和 (T_x, T_y) 的值。

通过快速刚体运动矩阵估计过程,可以完全获得目标视差图序列的运动参数。然而,投影融合方法不是在二维平面中对视差图进行融合,而是根据视差图的刚体运动矩阵以及扫描设备的投影模型在三维空间中对视差图进行融合。目的是充分利用三维空间坐标系的子像素特性和刚体运动矩阵的亚像素特性,来获得高分辨率三维点云。与常见的二维超分辨融合方法不同,其必须放大参考图像并以整数网格精度融合目标图像。需要指出的是,投影融合过程的优点是它不降低插值精度,且能使用亚像素级刚体运动参数直接在三维空间中对目标视差图进行融合。

因此,为了直接在三维空间中对视差图进行融合,我们首先建立三维空间位置 $K(x, y)$ 和视差图位置 $d(x, y)$ 之间的连接。深度 $D(x, y)$ 的三维坐标 $K(x, y)$ 可以通过如下公式表示:

$$K(x, y) = \begin{bmatrix} \dfrac{(M_x - P_x)}{f} \\ \dfrac{(M_y - P_y)}{f} \\ 1 \end{bmatrix} D(x, y) \tag{6.5}$$

其中,(P_x, P_y) 表示相机主点,$K(x, y)$ 表示三维空间位置,(M_x, M_y) 是偏离图像坐标中的主点的位置,f 表示扫描设备的焦距。

根据式(4.5),式(6.1)和式(6.4),M_x,M_y 的定义如下:

$$\begin{cases} M_x = x\sigma\cos\alpha + y\sigma\sin\alpha - T_x \\ M_y = -x\sigma\sin\alpha + y\sigma\cos\alpha - T_y \end{cases} \tag{6.6}$$

$D(x, y)$ 表示目标图像序列以及参考图像的深度图。根据立体视觉,它与视差图 $d(x, y)$ 具有如下关系:

$$D(x, y) = \frac{Bf}{d(x, y)} \tag{6.7}$$

其中,B,f 表示扫描设备的基线距离、焦距,$d(x, y)$ 表示 6.3.1 节中提取的视差矩阵。

将式(6.6)代入式(6.7)后,我们可以得到如下等式:

$$K(x,y)=B\begin{vmatrix} \dfrac{(x\sigma\cos\alpha + y\sin\alpha - T_x - P_x)}{d(x,y)} \\ \dfrac{(-x\sigma\sin\alpha + y\cos\alpha - T_y - P_y)}{d(x,y)} \\ \dfrac{f}{d(x,y)} \end{vmatrix} \tag{6.8}$$

在这种情况下,基于投影融合框架以及式(6.8),我们能够直接在三维空间中融合所有的视差图,并获得高分辨率三维点云,如图 6.4 所示。

图 6.4　两个视差图之间的融合结果

6.3.3　点云优化

到目前为止,基于上述描述过程,通过视差图序列融合可以获得一个更高分辨率的三维点云。然而,融合点云总是包含不规则表面。为了获得一个稠密的等值曲面,我们引入了三维点云表曲面优化方法。与传统的二维多帧优化框架不同,在本小节中,我们不采用二维能量优化框架来获得融合的视差图,而是引入了一种三维曲面优化方法来优化三维空间中的不规则表面。通过泊松重建 (Poisson reconstruction,PR)[172] 过程的改进将不规则点云表面转换为稠密的等值曲面,进而对融合的三维点云表面优化重构,它找到梯度最佳的匹配矢量场的标量函数并提取适当的等值面。假设,给定一组包含有一个向量场 $\boldsymbol{V}:\boldsymbol{R}^3 \rightarrow \boldsymbol{R}^3$ 的

定向点 Q，目标是求解标量函数 $s:\mathbf{R}^3 \rightarrow \mathbf{R}$。然而，误差的存在可能导致原始泊松重建方法不能找到一个满意的全局偏移来调整隐函数。因此，将用于惩罚样本中零偏差函数的惩罚项添加到原始泊松重建能量函数：

$$F(s) = \int ||\mathbf{V}(q) - \mathbf{V}s(q)||^2 \mathrm{d}q + \frac{\beta \cdot Patch(Q)}{\sum\limits_{q \in Q} w(q)} \sum_{q \in Q} w(q)s^2(q) \quad (6.9)$$

其中，β 是梯度拟合及数值拟合重要性折中权重，w 是样本权重，$Patch(Q)$ 是重建曲面的块，其通过计算局部采样密度获得。

根据欧拉-拉格朗日公式，标量函数 s 可以通过屏蔽泊松重建（screened Poisson reconstruction，SPR）方程求解

$$(\Delta - \beta f)s = \mathbf{V} \cdot \mathbf{V} \quad (6.10)$$

其中，f 是一个合适的定义算子（感兴趣的读者可以在文献[172]中获得更多推导步骤）。

为了求解 SPR 方程，可以通过 Galerkin 公式将其转换为有限元线性系统[173]。然后，选择三变量 B 样条函数的集合作为基 $\{e_1, e_2, \cdots, e_n\}$。根据基函数的性质，SPR 方程可转变为

$$\langle \Delta s, e_i \rangle_{[0,1]^3} - \langle \beta f s, e_i \rangle_{[0,1]^3} = \langle \Delta \cdot \mathbf{V}, e_i \rangle_{[0,1]^3} \quad (6.11)$$

其中，$\langle \cdot, \cdot \rangle_{[0,1]^3}$ 是定义在单位立方体函数空间的标准内积，$i = 1, 2, \cdots, n$。

由于解函数 s 本身用基函数表示，

$$s(q) = \sum_{j=1}^{n} s_j e_j(q) \quad (6.12)$$

我们将式（6.12）代入式（6.11），易得一个线性系统 $\mathbf{As} = \mathbf{b}$

$$A_{ij} = \langle \nabla e_j, \nabla e_i \rangle_{[0,1]^3} + \beta \langle e_j, e_i \rangle_{(\omega,Q)} \quad (6.13)$$

且

$$b_i = \langle \mathbf{V}, \nabla e_i \rangle_{[0,1]^3} \quad (6.14)$$

其中，$\langle \cdot, \cdot \rangle_{(\omega,Q)}$ 是单位立方体函数空间上的双线性、对称、半正定形式，是来自惩罚函数的加权和。

最后，使用级联多栅格算法来求解此线性系统。它通过八叉树的深度从粗略到精细，来调整约束以及缓和系统。

6.4　实验比较

本节将通过实验来评估新方法的性能。本节中实验的硬件环境是基于 Intel

E3－1230V3 CPU @3.3 GHz,以及 NVIDIA GTX 770 GPU。立体视觉扫描设备是基于一对 DFK 23G274 双目相机,其平行和垂直于基线布置。摄像机参数通过常用的校准方法获得,基线长度为 35 mm,匹配窗口大小为 32×32 像素。实验中使用的光学成像设备和沙盘模型的真实镜头如图 6.5 所示,图中从左到右依次为工业便携机、同步控制器、ImageSource DFK 23G274 双目相机以及实验沙盘。为了探索新方法的可行性,所有的实验都在真实场景图像上进行测试。

图 6.5　实验中使用的光学成像设备和沙盘模型

6.4.1　新方法可行性测试

为了测试我们的方法的可行性,我们在真实图像上对其进行了测试。在图 6.6 中,测试人员通过改变沙盘的形状获得不同的场景。然后,通过立体视觉扫描装置获得实际图像样本序列。

在这个实验中,扫描装置每隔 0.5 mm 拍摄一个图像对,所获得的图像序列如图 6.6(a)中第 1、3 排所示。可以观察到,图像对仅具有非常小的变化。然后,基于GPU-PC方法从图像序列中快速提取视差图序列,如图 6.6(a)中第 2、4 排所示。接下来,投影融合 PF 模块和表面优化模块将视差图序列连续地转换为最终的稠密三维点云,如图 6.6(b)所示。由图 6.6 可知,整个算法可以完全实现每个关键步骤所需的中间结果。证明该方法是真实场景的可行性算法。

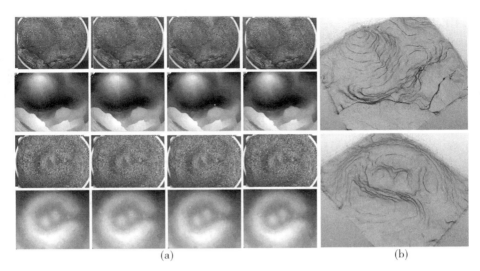

(a)由立体视觉扫描装置采样的立体图像对,以及通过 GPU-PC 方法获得的视差图;

(b)通过新方法获得的超分辨率模型。

图 6.6 原始立体图像对、视差图和超分辨率模型

此外,现有技术下的 PC 方法和 GPU-PC 方法之间的时间消耗测试比较见表 6.1。由表 6.1 中数据可知,在时间消耗上,现有的 PC 方法是 GPU-PC 方法的2.75~22.75 倍。这个事实表明基于 GPU-PC 方法可以降低一些关键步骤的时间消耗,从而缩短整个超分辨率三维重建算法的时间。

表 6.1 PC 和 GPU-PC 的运行时间比较

Image Size	PC(s)		GPU-PC(s)	
	16×16	32×32	16×16	32×32
320×240	1.1	2.2	0.2	0.8
640×480	5.0	10.4	0.3	1.6
1024×768	14.9	29.5	0.6	2.7
1600×1200	30.7	75.5	1.5	4.8
2048×1536	58.4	121.1	2.6	8.0
3024×2016	126.4	276.5	5.6	19.4

6.4.2 真实图像测试

为了进一步评估新方法的性能,基于在可行性测试中获得的不同超分辨率三维点云,我们将其结果与没有嵌入超分辨率思想的重建方法的结果进行视觉上定性的比较。同时，二阶中心矩（second central moment，SCM）统计方法[174]将给出三维点云的分辨率密度的定量证据。图6.7是三种实验的三维点云，从左到右分别为：左侧，基于相位相关方法稀疏的三维点云结果及其局部放大的结果；中间，基于两幅视差图超分辨率三维点云结果及其局部放大结果；右侧，我们的方法获得的三维点云结果及其局部放大结果。

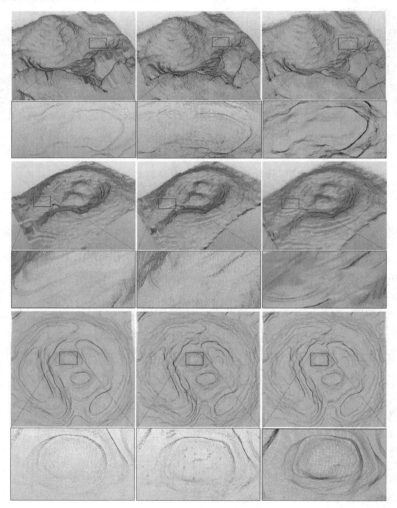

图 6.7　三种实验的三维点云

图6.7给出了三种实验结果：稀疏三维点云，插值三维点云和超分辨率三维点云。它们分别是通过单图像对三维重建法、两幅视差图像的超分辨率三维重建法以及多幅视差图的超分辨率重建方法获得的。这三种实验结果表明，基于多帧

融合框架的新方法能够有效地提高稀疏三维点云的分辨率。

为了评估超分辨率处理的分辨率密度,我们对三维超分辨率模型与三维稀疏模型进行分散系数的比较。这类似于测量样品的 SCM 的问题。因此,我们提出通过基于中心点及其相邻点的欧几里得距离计算的样本矩。

表 6.2 是二阶中心矩在稀疏点云和超分辨率点云之间的比较。p_1 和 p_3 表示稀疏点云样本,分别显示在图 6.7 中左上图及左下图;p_2 和 p_4 是超分辨率点云样本,分别显示在图 6.7 右上图和右下图。

表 6.2 二阶中心矩在稀疏点云和超分辨率点云之间进行比较

样本	δ
p_1	1.952×10^{-7}
p_2	8.532×10^{-8}
p_3	1.731×10^{-7}
p_4	7.951×10^{-8}

给定包含中心点 p 及其领域点 $p_1, p_2, \cdots, p_N$ 的样本,中心点 p 与其相邻点之间的样本矩定义如下

$$u = \frac{\sum\limits_{i=1}^{N} d(p, p_i)}{N} \qquad (6.15)$$

其中,$d(p, p_i)$ 表示 p 与其相邻点 p_i 之间的欧氏距离。

二阶中心矩定义如下:

$$\delta = \frac{\sum\limits_{i=1}^{N} [d(p, p_i) - u]^2}{N - 1} \qquad (6.16)$$

最后,三维点云的分辨率密度可以通过式(6.16)来评估,而稀疏点云和超分辨率点云的二阶中心矩也在表 6.2 中进行了比较。通过这种方式,我们获得一个超分辨率点云和稀疏点云的定量数据。显然,当测量超分辨率重建点云的分散度时,所有的 SCM 值都减小了。图 6.7 给出了超分辨率重建点云和稀疏点云之间局部放大结果的比较,其中超分辨三维重建点云显示了更密集的点云表面。综上,可得出新方法提高了稀疏三维点云的分辨率。

6.4.3 讨论

我们的方法可以促进被动成像设备的快速场景三维重建技术的发展,但是仍

然受到若干限制。例如,由大视差范围引入的阶梯效应,会导致大多数 PC 方法[13-14]受到影响。我们的方法通过下采样图像在视觉上有效地缓和了这些影响。然而,在原始图像尺寸时,我们不能完全抑制它们的影响。一般来说,我们认为这个问题的不受约束的性质将激发我们的研究热情。我们有兴趣调查相机阵列器件的制造和使用情况,以获得更丰富的三维结构信息。

6.5　小结

　　为提高被动扫描装置获得的稀疏三维点云的分辨率,本章探讨了基于被动影像的三维超分辨率重建方法。笔者采用 GPU-PC 匹配方法快速提取视差图,通过高效投影融合方法在三维空间中直接融合视差图,再通过三维点云表面优化方法重建超分辨率三维表面。实验结果表明,我们的方法明显提高了稀疏点云的分辨率。

基于软硬件协同优化的 FPGA 无人机 影像低功耗三维重建方法

7.1　引言

近年来,无人机已广泛应用于工业检查、遥感、制图和测量等领域。但在低空影像三维重建方面,现有无人机航拍影像三维重建方法在功耗、时效等方面无法满足移动终端对低功耗、高时效的需求。因此,越来越多的研究人员将注意力聚焦于低功耗 FPGA 平台。尽管 FPGA 平台已经成功部署了许多立体视觉算法,但许多高度迭代或者依赖于不规律内存访问的先进算法,很难在有限资源的 FPGA 平台上高性能实现。为了解决上述问题,本章基于 Xilinx ZCU104 FPGA 评估板,结合高并行指令优化策略和高性能软硬件协同优化方法,提出一种层级迭代、同层并行的高吞吐量硬件优化架构。

Xilinx ZCU104 评估板集成了嵌入式处理器(图 7.1 中 PS 区域)与可编程逻辑(图 7.1 中 PL 区域),既拥有 ARM 处理器灵活高效的数据运算和事务处理能力,又具有了 FPGA 的高速并行处理优势。因此,在系统开发时,通常可以利用软硬件协同优化方式将 PL 区域的硬件加速函数映射为 PS 区域一个或多个具有特定功能的外设。Xilinx ZCU104 系统的体系结构如图 7.1 所示。一般来说,PS 区域主要负责整个系统的算法调度,以及执行具有复杂逻辑操作算法模块,而大量重复性计算通常交由 PL 区域执行,利用高并行指令加速硬件函数。

基于 Xilinx ZCU104 系统的体系结构主要包含外围设备、嵌入式处理器单元(PS 区域)、可编程逻辑单元(PL 区域)、存储单元(RAM)。其中,外围设备如搭载在无人机上的相机或 SD 卡等。基于 FPGA 快速低功耗高精度三维重建方法流程如图 7.2 所示。FPGA 读取无人机相机捕获到的航拍图像序列,并对其执行预处理对齐操作,再对对齐立体图像对使用改进相位相关立体匹配算法进行视差估计,最终将多层视差图融合结果存储在 SD 卡中。

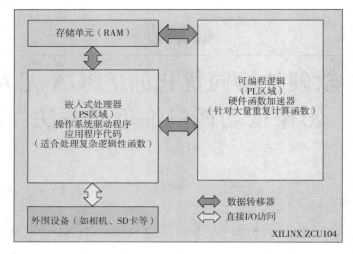

图 7.1　基于 Xilinx ZCU104 系统的体系结构

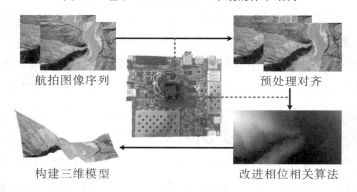

图 7.2　基于 FPGA 快速低功耗高精度三维重建方法流程

7.2　基于多尺度深度图融合的三维重建技术

本节基于有限资源 FPGA 平台,提出改进相位相关立体匹配算法来克服传统 FPGA 方法易受光照变化、遮挡、阴影及小旋转等因素影响,进一步构建多尺度深度图融合算法架构,实现从包含弱纹理区域、动态纹理区域及大视差范围等干扰因素的无人机航拍影像中提取高可靠性视差信息,大大提高基于 FPGA 的无人机航拍影像三维重建方法的鲁棒性、准确性,以及降低综合能耗等。

7.2.1 改进相位相关立体匹配算法

假设 $f_1(x,y)$，$f_2(x,y)$ 分别表示无人机航拍捕捉的两幅图像，并满足以下关系：

$$f_1(x,y) = f_2(x - \Delta x, y - \Delta y) \tag{7.1}$$

即 $f_1(x,y)$ 平移 $(\Delta x, \Delta y)$ 后可以得到 $f_2(x,y)$，而改进相位相关立体匹配算法的目标是求解具有亚像素级精度的平移向量 $(\Delta x, \Delta y)$。首先，对式(7.1)进行傅里叶变换，可得式(7.2)：

$$F_1(u,v) = F_2(u,v) \exp\{-2\pi j(u\Delta x + v\Delta y)\} \tag{7.2}$$

其中，$F_1(u,v)$，$F_2(u,v)$ 分别为图像 $f_1(x,y)$，$f_2(x,y)$ 的频域信息。

进一步地，用两幅图像的归一化互功率谱表示其相位相关性，则有

$$\mathrm{CPS}(u,v) = \frac{F_1(u,v)}{F_2(u,v)} = \exp\{-2\pi j(u\Delta x + v\Delta y)\} \tag{7.3}$$

归一化互功率谱的傅里叶逆变换结果是空间域脉冲函数 $\delta(x - \Delta x, y - \Delta y)$，其对应的 Dirichlet 函数为

$$\mathrm{ICPS}(u,v) = \frac{1}{AB} \times \frac{\sin\pi(x - \Delta x)}{\sin\left[\dfrac{\pi}{A}(x - \Delta x)\right]} \times \frac{\sin\pi(y - \Delta y)}{\sin\left[\dfrac{\pi}{B}(y - \Delta y)\right]} \tag{7.4}$$

其中，A 和 B 分别为图像块的宽和高。

对式(7.4)使用正弦函数进行拟合，则有

$$\begin{aligned}
\mathrm{ICPS}(u,v) &\approx \frac{1}{AB} \times \frac{\sin\pi(x - \Delta x)}{\dfrac{\pi}{A}(x - \Delta x)} \times \frac{\sin\pi(y - \Delta y)}{\dfrac{\pi}{B}(y - \Delta y)} \\
&= \frac{\sin\pi(x - \Delta x)}{\pi(x - \Delta x)} \times \frac{\sin\pi(y - \Delta y)}{\pi(y - \Delta y)}
\end{aligned} \tag{7.5}$$

由于二维矩阵中各维度积分计算互不影响，下面的证明只描述了一维情况，但这一结论也适用于其他维度。假设 (x_0, y_0) 为该维上最高点的坐标，(x_1, y_0) 为与最高点相邻的第二高点，当 $x_1 = x_0 + 1$ 时，则

$$(x_0, y_0) = \frac{\sin\pi(x_0 - \Delta x)}{\pi(x_0 - \Delta x)} \times \frac{\sin\pi(y_0 - \Delta y)}{\pi(y_0 - \Delta y)}$$

$$(x_1, y_0) = \frac{\sin\pi(x_1 - \Delta x)}{\pi(x_1 - \Delta x)} \times \frac{\sin\pi(y_0 - \Delta y)}{\pi(y_0 - \Delta y)}$$

$$\frac{(x_0, y_0)}{(x_1, y_0)} = \frac{\sin\pi(x_0 - \Delta x)}{\pi(x_0 - \Delta x)} \times \frac{\sin\pi(y_0 - \Delta y)}{\pi(y_0 - \Delta y)} \Big/$$

$$\left[\frac{\sin\pi(x_1-\Delta x)}{\pi(x_1-\Delta x)}\times\frac{\sin\pi(y_0-\Delta y)}{\pi(y_0-\Delta y)}\right]$$

$$=-\frac{x_1-\Delta x}{x_0-\Delta x}=-(1+\frac{1}{x_0-\Delta x}) \tag{7.6}$$

因此,在 x 轴方向上最大峰值点的亚像素平移为

$$\Delta x=x_0+\frac{(x_1,y_0)}{(x_0,y_0)+(x_1,y_0)} \tag{7.7}$$

同理,当 $x_1=x_0-1$ 时,此时最大峰值点的亚像素平移 $\Delta x=x_0-\frac{(x_1,y_0)}{(x_0,y_0)-(x_1,y_0)}$。其他维度的亚像素平移求解方法与上述方法类似。

7.2.2 多尺度深度图融合算法

Liu 和 Hong 等[97]指出,当使用基于相位相关算法进行三维重建时,其精度依赖于 PC 窗口尺寸的选择。如果窗口尺寸太小,不能覆盖足够大范围的像素变化,则无法准确地提取出较大范围的视差信息,在弱纹理区域的重建结果也变得不可靠;如果窗口尺寸过大,则不仅难以识别局部细节信息,还会造成图像边界溢出。

为了解决上述问题,本节采用多尺度深度图融合思想进行视差优化,与 CPU 方法[67]和 GPU 方法[175]类似,利用上一层视差结果引导下一层视差图计算,充分结合不同尺寸窗口下 PC 计算优势,大大提高三维重建精度。具体的融合操作如下:在下一层视差图计算的子像素块提取操作中,使用上一层视差结果作为该点子窗口提取的偏移量,实现在粗粒度视差结果基础上进行细粒度的视差计算,此时,粗粒度视差加上细粒度视差就是该层最终视差结果。

完整的多尺度深度图融合算法流程如图 7.3 所示。其中,图片 A 表示初始窗口尺寸下的视差图结果,图片 B 表示在初始窗口尺寸与减小窗口尺寸 2 种尺寸下的视差图融合结果,图片 C 表示 3 种不同尺寸窗口的视差图融合结果。从实验结果可以看出,当迭代次数为 1 时,视差图 A 中存在较为明显的边缘效应;而当迭代次数为 2 时,在视差图 A 引导下通过减小窗口尺寸后视差计算生成更为精细的纹理结构(视差图 B),但仍存在细微的边缘效应;当迭代次数为 3 时,通过迭代更小窗口的视差结果使视差图 C 具有非常高的视差精度,几乎不存在肉眼可见的边缘效应。因此,使用多尺度深度图融合算法可以生成高精度的重建结果。

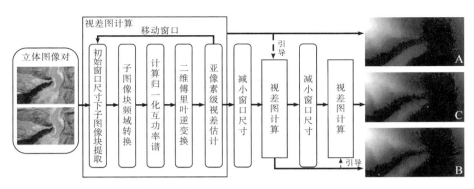

图 7.3 多尺度深度图融合算法流程

算法 1 多尺度深度图融合算法。

输入:无人机航拍影像对(左图 f、右图 g)。

输出:视差图 M。

初始化:深度图迭代 3 次,窗口尺寸分别为 W_1、W_2、W_3,每次移动窗口位置 S_1、S_2、S_3 次。

其伪代码算法流程如下:

(1)BEGIN。

(2)利用 W_1 窗口,对无人机航拍图像对 f,g 分别取值,得到 W_1 窗口的子图像块 f_1,g_1。

(3)分别对子图 f_1,g_1 进行二维傅里叶变换,得到 F_1,G_1。

(4)利用式(3.3)求得归一化互功率谱 c_1。

(5)对 c_1 进行二维快速傅里叶逆变换求得矩阵 C_1。

(6)搜索 C_1 矩阵中最大值所在位置 (x_0,y_0),以及 x 轴方向的次大值 (x_1, y_0),y 轴方向的次大值 (x_0,y_1),利用式(3.7)求得 x 轴方向的亚像素精度平移 x_m。同理,可求得 y 轴方向的亚像素精度平移 y_m,则 W_1 窗口位置的最大视差为 (x_m,y_m)。

(7)重复移动 W_1 窗口位置 S_1 次,重复步骤(2)～(5),得到 W_1 窗口下的视差图 M_1。

(8)改变窗口尺寸为 W_2,将 W_1 窗口视差结果作为 W_2 窗口下子图像块提取的偏移量,对无人机航拍图像对 f,g 分别取值,得到 W_2 窗口的子图像块 f_2,g_2。重复步骤(3)～(6),得到视差图 M_2。

(9)改变窗口尺寸为 W_3,重复步骤(8),得到多尺度深度图融合结果 M。

(10)END。

7.3 基于高性能 FPGA 平台的三维重建架构

在基于 GPU 平台实现无人机航拍影像三维重建时,Li 和 Liu 等[175] 使用单指令多数据流体系架构和统一计算设备架构的快速傅里叶变换方法独立计算每个点的视差值,但该方法依赖于大量的硬件资源支持(如 2 GB 的显卡内存),是一种典型的利用大量硬件资源换取高效性能的实现方式。不同于 GPU 方法,基于有限资源 FPGA 平台(如 38 MB 内存 Xilinx ZCU104 评估板),研究人员将更多精力投入软硬件协同优化方案的选择、高并行指令优化硬件加速模块等方面,通过设计一种层级迭代、同层并行的高吞吐量硬件优化架构,实现基于无人机航拍影像的快速低功耗高精度三维重建。

为将多尺度深度图融合算法在 Xilinx ZCU104 FPGA 平台上高效运行,结合高并行指令优化策略和高性能软硬件协同优化方法,笔者提出一种层级迭代、同层并行的高吞吐量硬件优化架构。该方法实现的具体步骤如下:

(1)在 CPU 平台上开发出满足算法需求的可移植版本。

(2)将 CPU 版本移植到 FPGA 的嵌入式处理器(PS 区域)。

(3)软硬件协同优化设计,根据方法每个模块算法特性,将适用于硬件加速的模块在可编程逻辑(PL 区域)实现。

(4)对 PL 区域的硬件加速模块进行高并行指令优化。

(5)完成编译并在 FPGA 评估板运行,如果出现硬件资源不足无法编译或者执行效率达不到要求等情况,则返回第(3)步调整软硬件协同优化方案,直到选择出满足要求的硬件架构。

7.3.1 2D FFT 硬件实现

2D FFT(2 dimensional fast Fourier transformation)是基于 FPGA 平台相位相关三维重建技术中最重要的环节之一。与基于 CPU、GPU 平台直接调用 2D FFT 不同,Xilinx ZCU104 FPGA 评估板仅支持一维快速傅里叶变换 IP 核,因此需要自主开发 2D FFT 模块。在进行 2D FFT 模块硬件开发时,根据傅里叶变换可分离性质,可以将其转化成 2 个一维快速傅里叶变换实现。值得注意的是,这里存在一个重要的数据依赖关系,只有当图像块矩阵中所有元素都完成一维行

FFT 之后才能进行一维列 FFT 变换(图 7.4)。笔者认为这是相位相关算法难以在 FPGA 平台上快速实现的主要原因之一。同理,在傅里叶逆变换过程中,2D IFFT 模块也是先转换成一维行 IFFT 变换后再进行一维列 IFFT 变换。此外, Xilinx 官方提供的一维 FFT 输入输出均为浮点复数形式,因此,还需将输入图像块矩阵转换成浮点复数形式。

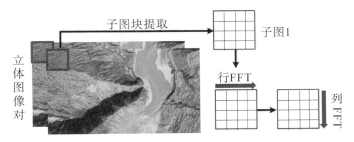

图 7.4　2D FFT 模块数据依赖关系示例

7.3.2　软硬件协同优化

Xilinx ZCU104 评估板提供了一个灵活的原型设计平台,ZU7EV 设备集成了四核 ARM Cortex-A53 处理系统和双核 ARM Cortex-R5 实时处理器,为开发者提供了前所未有的异构多处理能力。为了充分发挥异构平台的灵活性等优势, 需要综合考虑每一种可能的软硬件协同优化方案,并对不同方案优缺点进行综合分析,才能选择出最适合的硬件架构。软硬件协同优化具体是指开发者需要根据嵌入式处理器(PS 区域)灵活高效的数据运算和事务处理能力,以及可编程逻辑 (PL 区域)高速并行处理的性能特点,为其分配相应功能,保证整个系统高效运行。

三维重建方法的目的是在有限资源 FPGA 平台上实现多尺度深度图融合算法高效运行,但由于该算法的复杂性、不规律数据访问及迭代性,如果对每一个模块都按最高性能设计,则必将导致过多资源被占用。换句话说,如果一味追求最佳时效,则 FPGA 平台的有限硬件资源无法支持整个系统运行。因此,要想在有限资源 FPGA 平台上实现三维重建系统的所有功能,必须结合各种类型硬件资源使用情况,进行合理高效的软硬件协同优化。

在对无人机航拍影像序列进行子图像块提取时,一般会涉及取窗口、边缘填充判断、不连续的内存读写及赋值运算等操作。此时,如果直接将无人机航拍影像序列从 PS 区域转移到 PL 区域内存中,再进行子图像块提取,则不需要每次都将子图像块从 PS 区域转移到 PL 区域,进而降低了时间消耗,提高系统处理速度,但是这种方法势必会消耗 PL 区域大量的内存资源。然而,如果考虑在 PS 区域中完成子图像块提取操作,再将子图像块转移到 PL 区域进行下一步计算,则会最大程度上节省 PL 区域内存资源占用,但是由于每次执行子图像块提取操作都需要从 PS 区域转移到 PL 区域,因此会在一定程度上增加时间成本,进而影响系统的整体性能。因此,基于有限资源 FPGA 平台的三维重建方法设计往往是在硬件资源与时效性之间的一种综合考量。一般情况下,只有实现整个系统的基本功能之后,才会进一步考虑如何在最大程度利用硬件资源的同时实现系统的最高性能。

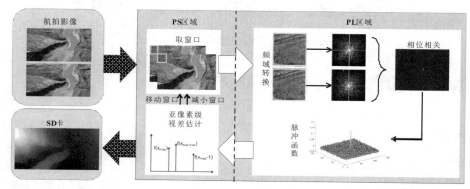

图 7.5　软硬件协同优化流程(其中,黑色箭头表示直接 I/O 访问、白色箭头表示数据转移器)

本章的三维重建方法的软硬件协同优化方案如图 7.5 所示。该方案具体流程为 FPGA 将无人机捕获到的航拍图像序列临时存储在 RAM 中,再通过数据转移器交由 PS 区域与 PL 区域进行协同优化,最终将重建结果永久保存在 SD 卡中。此时,SD 卡中的视差图可直接转换成需要的高程数字模型。其中,包含大量重复性计算功能的相位相关函数在可编程逻辑(PL 区域)执行,而嵌入式处理器(PS 区域)主要负责无人机航拍影像读取、取窗口、移动窗口、减小窗口、亚像素级视差估计及最终重建结果保存等复杂性逻辑操作。

7.3.3　高并行指令优化

本章的三维重建方法并行架构设计时,主要利用 pipeline(流水线)及 dataflow(数据流)高并行指令进行优化。在底层代码中,主要使用 pipeline 指令对 for 循环代码进行展开,pipeline 指令可以通过允许操作的并发执行来减少一个函数或循环的启动间隔,以此来达到提高系统吞吐量的目的。dataflow 指令可以支持任务级管道处理,其允许函数和循环在各自的操作中进行重叠,这将增加寄存器传输级别(register transfer level,RTL)实现的并发性,进而可以增加设计的总体吞吐量。

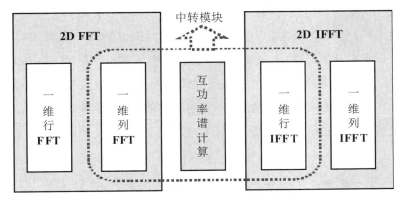

图 7.6　中转模块设计示意图

为了最大程度降低正向、逆向二维快速傅里叶变换和二维快速傅里叶逆变换中数据依赖关系对整个系统性能造成的影响,在设计相位相关计算模块时,本节使用 dataflow 指令对频域转换、归一化互功率谱计算及二维傅里叶逆变换三个函数进行并行加速,通过覆盖内存读写的时间消耗,最大程度上增加系统吞吐量。具体的操作:将频域转换中一维列 FFT、互功率谱计算以及二维快速傅里叶逆变换中一维行 IFFT 三个操作合并成一个中转模块(图 7.6),将中转模块、频域转换中一维行 FFT 模块及二维快速傅里叶逆变换中一维列 IFFT 模块合并成一个硬件函数,并使用 dataflow 指令对其并行加速。

7.4　实验结果与分析

本节中的方法在 Xilinx ZCU104 FPGA 评估板上实现了完整的基于无人机航拍影像的快速低功耗高精度三维重建。实验图像采用 Liu 等[97]、Li 等[67,175]使用的无人机航拍影像数据,该组影像数据来源于我国西南山区拍摄的真实无人机图像序列。为了方便进行方法测试,从中选择了 2 张无人机航拍图像,并存储在 SD 卡中,用于测试的图像分辨率为 1068×712 PPI。

Xilinx ZCU104 FPGA 评估板提供了一个灵活的原型设计平台,该平台具有高速 DDR4 内存接口、FMC 扩展端口、每秒千兆串行收发器、各种外围接口和可定制设计的 FPGA 结构。在评估板上装有 Zynq UltraScale＋XCZU7EV－2FFVC1156 MPSoC,其在同一器件中结合了功能强大的嵌入式处理系统(PS 区域)和可编程逻辑(PL 区域),共有 504K 个系统逻辑单元查询表(lookuptable,LUT)、461K 个 CLB 触发器(flip-flop,FF)、38 MB 存储器(random access memory,RAM)。在评估实验中,使用 Xilinx 官方提供的新一代 SDSoC™软件开发工具进行系统开发。其中,表 7.1 的数据来源于 Xilinx 官方软件 SDx 提供的 HLS 报告;表 7.2 及 FPGA 功耗数据来源于 Xilinx 官方软件 Vivado 提供的项目综合报告;CPU 方法[67]、GPU 方法[175] 及本节中的方法分别基于 4 GB RAM 内存资源的 AMD Athlon II x2 240 型号 CPU (2.80 GHz)、英伟达 GTX760 型号 GPU(2 GB 显存)及 Xilinx ZCU104 FPGA(38 MB RAM 内存)评估板实现。

表 7.1　两种软硬件协同优化设计方案比较

硬件资源类型	方案 1				方案 2					
	行 FFT	列 FFT+CPS+列 IFFT	行 IFFT	总计	子图块提取	行 FFT	列 FFT+CPS+列 IFFT	行 IFFT	视差估计	总计
BRAM_18K/个	12	18	6	34%	0	12	18	6	0	49%
FF/个	14849	23559	7439	10%	1766	14718	23559	7240	2431	11%
LUT/个	16811	27088	8366	23%	2932	16452	27088	8125	4745	27%
时间/s	8.1				6.4					

注:根据 HLS 报告整理而得。

表 7.2　不同指令优化策略对比

硬件资源类型	方案 1		方案 2				方案 3			
	128×128 窗口	总计	128×128 窗口	64×64 窗口	32×32 窗口	总计	128×128 窗口	64×64 窗口	32×32 窗口	总计
BRAM/MB	207.5	66.51%	20	20	11	70.19%	101	38	11	67.31%
FF/个	66047	14.33%	38858	34804	31608	39.03%	25955	22477	19319	20.41%
LUT/个	47847	20.77%	27963	24889	23630	57.73%	21104	18371	17098	31.38%
时间/s	77.95		19.05	12.85	14.67	47.77	6.75	7.02	8.25	23.1

注:根据 Vivado 提供的项目综合报告整理而得。

7.4.1 多种软硬件协同优化设计方案比较

在软硬件协同优化设计方面,笔者有针对性选择了 3 个具有代表性的软硬件协同设计方案,为了方便比较,仅考虑在初始窗口尺寸下的视差图计算,具体分区方案如图 7.7 所示。

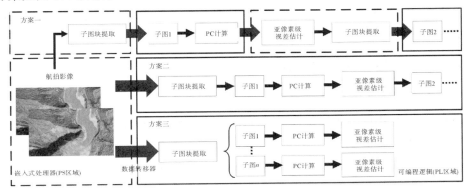

图 7.7 多种软硬件协同优化设计方案比较(其中,虚线矩形区域表示 PS 区域,实线矩形区域表示 PL 区域,黑色条状箭头表示数据转移器)

软硬件协同设计方案 1 的具体细节包括:①将测试用的无人机航拍图像对读取到嵌入式处理器(PS 区域)中,并进行初始窗口尺寸的子图像块提取操作,再通过数据转移器 DMA 传入 PL 区域。②在 PL 区域通过 2.3.3 节描述的高并行相位相关计算模块,即利用 dataflow 指令对频域转换、归一化互功率谱计算及二维傅里叶逆变换三个函数进行并行加速,求得空间域脉冲函数。③将脉冲函数再转移到 PS 区域中,再使用正弦函数对空间域脉冲函数进行亚像素级视差估计,这是因为峰值拟合时需要进行大量逻辑判断操作,嵌入式处理器更容易实现。④在 PS 区域进行移动窗口提取子图像块操作,再重复步骤①～③,直到获得初始窗口尺寸下的完整视差图。

在方案 2 中,将无人机航拍图像对转移到 PL 区域后,再进行子图像块提取、相位相关计算及亚像素级视差估计等操作。而方案 3 是在方案 2 基础上的一次大胆尝试。为了最大程度地提升系统性能,在方案 3 中,笔者使用 dataflow 指令对子图块提取操作进行并行优化加速。然而,在程序编译时编译器提示因 RAM 资源不足导致无法编译。因此,在软硬件协同优化设计方案对比试验中,主要对方案 1 和方案 2 进行详细的实验对比论证。

为了对 2 种方案进行更深层次的比较研究,本节分别列出了其在 FPGA 平台实现时所占用的硬件资源情况,具体见表 7.1。实验结果证明,虽然方案 2 比方案 1 节省了约 20%的时间,但方案 2 仅初始窗口尺寸下的视差计算就占用了整个 FPGA 近一半的 BRAM_18K(18 KB Block RAM 块随机存储器)资源,最终导致该方案无法实现多尺度深度图融合算法的三维重建。

因此,考虑到 FPGA 硬件资源有限,本节中的方法最终选择方案 1 的软硬件协同优化设计方案。

7.4.2 不同指令优化策略对比

在指令优化策略方面,为了验证本节中的方法高并行指令优化策略的有效性,列出了 3 种不同指令优化策略进行比较,具体描述如下:

(1)方案 1 仅使用 pipeline 指令对相位相关计算模块中取窗口、频域转换、归一化互功率谱计算及二维快速傅里叶逆变换等硬件加速函数分别优化。

(2)在方案 2 中,将频域转换中一维列 FFT、互功率谱计算及二维快速傅里叶逆变换中一维行 IFFT 三个函数合并为一个中转模块,并与频域转换中一维行 FFT 模块及二维快速傅里叶逆变换中一维列 IFFT 模块三个硬件函数分别使用 dataflow 指令优化并行加速。

(3)方案 3 是本节撰述方法,所采用的是高并行指令优化策略,即将方案 2 提到的中转模块、频域转换中一维行 FFT 模块及二维快速傅里叶逆变换中一维列 IFFT 模块合并成一个硬件函数后,使用 dataflow 指令对其并行加速。

3 种不同指令优化策略实验结果见表 7.2。其中,包括方案 1 在 128×128 窗口下生成视差图所消耗的硬件资源情况及执行时间,方案 2 及方案 3 分别在 128×128、64×64、32×32 窗口下生成视差图以及实现三层视差图融合三维重建方法所消耗的硬件资源情况、重建时间。表 7.2 中结果显示,采用方案 1 指令优化策略,仅 128×128 窗口下的视差计算就消耗整个评估板 66.51%的 BRAM 硬件资源,甚至无法完成第 2 层的视差图重建,笔者认为导致方案 1 性能差的主要原因是:未充分利用不同函数之间的数据依赖关系进行指令优化;而方案 2 和方案 3 虽然都成功实现了三层视差图融合三维重建,但由于方案 2 未对不同函数模块之间的内存读写等待进行优化,导致硬件函数执行效率不高。

因此,本节中的方法最终采用方案 3 高并行指令优化策略,相较于其他方法,所消耗资源更少,重建速度更快,性能更高效。

7.4.3 与同领域先进方法的综合性比较

本小节从以下三个方面与同领域先进方法进行综合性比较。

1.鲁棒性

将本节中的方法与其他 7 种先进方法[文献[111]中的方法、文献[14]中的方法、文献[96]中的方法、文献[13]中的方法、Agisoft stereoscan 商业软件方法(http://www.agisoft.com)、CPU 方法[67] 及 GPU 方法[175]]进行比较研究。其中,初始参数设置如下:层次化方法[111][14] 使用 32×32 初始窗口来估计视差;文献[96][13]中的方法使用 32×32 固定窗口来估计视差;对于 Agisoft stereoscan 商业软件方法,使用其默认初始参数;CPU 方法、GPU 方法和本节方法的初始窗口、初始采样间隔和初始运动矩阵的初始参数分别设置为 128×128 像素、16 像素和 0。此外,在 MATLAB 平台上测试了 CPU 方法、基于层次的方法[111,96,13],并在 Visual Studio 环境中比较了文献[14]中的方法和 GPU 方法。因此,假设上述方法具有最合适的初始条件和环境。值得注意的是,虽然本节中的视差 3D 网格模型不是真正的数字高程模型(digital elevation model,DEM),但这不影响系统性能的分析和比较。具体三维重建结果如图 7.8 所示,其中矩形区域和椭圆区域分别代表重建结果中高山区域和河谷区域,A 表示用于验证的无人机航拍图像、B 表示文献[111]中的方法、C 表示文献[14]中的方法、D 表示文献[96]中的方法、E 表示文献[13]方法、F 表示 Agisoft stereoscan 商业软件、G 表示 CPU 方法、H 表示 GPU 方法、I 是本节方法的重建结果。实验结果表明,文献[13-14][96]中的方法的矩形区域和椭圆区域重建结果严重失真,即受高山区域和河谷区域影响很大,而文献[111]中的方法与 Agisoft stereoscan 商业软件的矩形区域成功恢复出高山地形特征,但是在椭圆区域却无法重建出河流区域的场景结构,只有 CPU 方法[67]、GPU 方法[175]与本节所述方法同时恢复出高山区域和河流区域的场景结构。

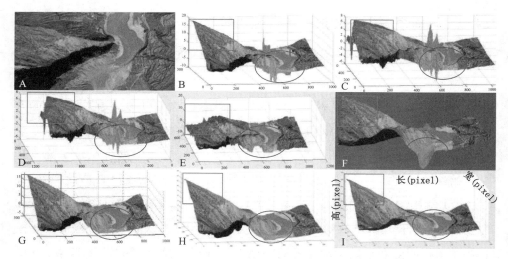

图 7.8　本节中的方法与先进方法三维重建结果比较

　　因此，本节中的方法与 CPU 方法、GPU 方法的重建结果相近，并显著优于现有方法及 Agisoft stereoscan 商业软件的重建结果，表现出很强的鲁棒性。此外，为了充分证明本节中的方法的优越性，笔者进一步提供了 2 组无人机图像的测试结果，分别如图 7.9、图 7.10 所示。在图 7.9 中，矩形区域和椭圆区域分别代表重建结果中河流区域和高山区域，A 表示从长江岸边拍摄的一组无人机图像，包含了高山区域和河流区域，B 表示文献[14]中的方法、C 表示文献[13]中的方法、D 表示 CPU 方法、E 表示 GPU 方法、F 是本节方法的重建结果。实验结果表明，文献[13-14]中的方法的矩形和椭圆区域重建结果受高山区域和河流区域影响严重，而 CPU 方法、GPU 方法及本文方法可最大程度地减少高山和河流的影响。另外，在图 7.10 中，椭圆区域代表重建结果中山脉地区，A 表示山区无人机测试图像，B 表示文献[14]中的方法、C 表示文献[13]中的方法、D 表示 CPU 方法、E 表示 GPU 方法、F 是本节方法的重建结果。实验结果表明，文献[13-14]中的方法的红色椭圆区域重建结果受山脉地区影响很大，几乎不能生成有效的重建结果。而 CPU 方法、GPU 方法与本节方法可充分提取高山无人机图像的三维场景结构。因此，本节中的模型对高山、河流区域及山脉地区的无人机航拍影像具有很强的鲁棒性，并高度适用于多种复杂环境的无人机航拍图像[176]。此外，本节方法在功耗及时效上具有更优异的表现。为了对本节方法的性能进行综合评估，下面将从功耗及时效性出发，对比基于 CPU 方法和 GPU 方法并进一步分析。

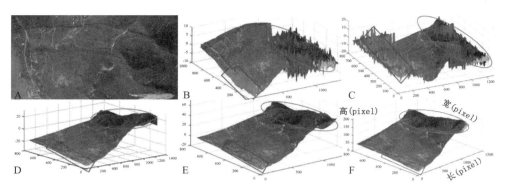

图 7.9 高山、河流区域无人机图像的测试结果

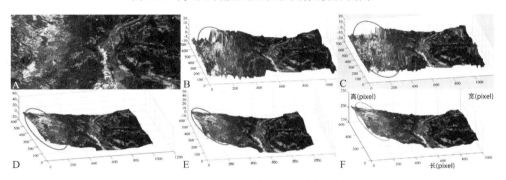

图 7.10 无人机航拍山区图像的测试结果

2.功耗和时效性

对本节方法(FPGA 方法)与基于 CPU、GPU 方法在执行时间、功率损耗两方面进行详细比较,实验结果如图 7.11 所示。其中,灰色柱状图表示执行时间,黑色柱状图表示功率损耗。实验数据显示,CPU 的灰色竖条显著高于 GPU 和 FPGA 的灰色竖条,即基于有限资源的 FPGA 方法,其在时间消耗上达到与基于 GPU 方法相近的结果,并且与基于 CPU 方法相比,其时效性提高了近 20 倍;另外,FPGA 的黑色竖条显著低于 CPU、GPU 方法的黑色竖条,即在功率损耗方面,基于 FPGA 方法的功耗远远低于 GPU 方法,仅为基于 GPU 方法的 2.12%;与基于 CPU 方法相比,基于 FPGA 方法是基于 CPU 方法的 7.42%。综上所述,本节方法成功使用有限资源 FPGA 芯片,实现了无人机航拍影像快速低功耗三维重建。为了进一步展示本节模型的高精度特性,下文将从模型精度方面进一步分析。

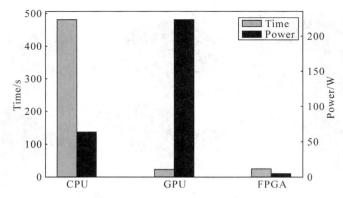

图 7.11　基于 CPU、GPU、FPGA 方法的功耗和时耗方面比较结果

3.精度

　　为了充分展示本节模型的高精度特性,基于一组人工合成图像对 FPGA 方法和 CPU、GPU 平台的三维重建方法,在模型精度方面进行详细比较。首先,设计了一张尺寸为 512×512 像素的脉冲噪声图像(其噪声密度为 0.5)。其次,为了模拟精度为 1.5 的亚像素平移,将上述图像中央的 100×100 像素正方形区域在 x 轴上平移 1.5 个像素之后的结果作为目标图像;最后,分别使用本节模型方法与 CPU、GPU 方法对上述立体图像对进行三维重建。值得注意的是,由于 FPGA 方法生成的视差结果以 BMP 位图图片格式存储。当利用 MATLAB 平台读取视差结果并进行三维可视化显示时,视差结果会自动转换为 $0 \sim 255$ 范围的灰度值。因此,需将其按比例缩放到相应尺寸显示。重建结果如图 7.12 所示。其中,A 代表一张尺寸为 512×512 像素的脉冲噪声图像;B 表示 CPU 方法、C 表示 GPU 方法、D 是本节方法(FPGA 方法)的重建结果。根据图 7.12 可视化结果和表 7.3 定量评估结果显示,本节方法成功基于有限资源 FPGA 芯片生成接近于 CPU 和 GPU 方法精度的三维重建结果。因此,本节方法具有亚像素级视差精度的三维重构能力。

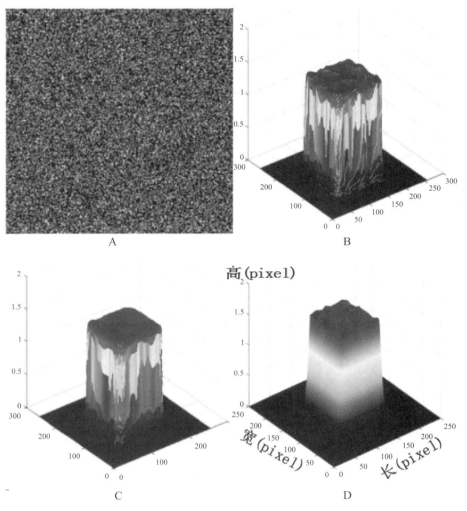

图 7.12　基于合成图像的三维重建结果可视化

表 7.3　基于 CPU、GPU、FPGA 平台三维重建方法的定量评估结果

方法	平均误差	均方根误差
CPU	1.5110	0.0149
GPU	1.5020	0.0123
FPGA	1.5195	0.0131

注:根据 CPU、GPU、FPGA 三维重建方法结果整理而得。

7.5 小结

本章结合高并行指令优化策略，提出了一种基于 FPGA 软硬件协同优化设计方案的快速低功耗高精度三维重建方法。首先，构建多尺度深度图融合算法架构，增强传统 FPGA 相位相关算法对不可信区域的鲁棒性，如弱纹理、河流等区域。其次，结合高并行指令优化硬件加速函数策略，提出高性能软硬件协同优化方案，实现多尺度深度图融合算法架构在有限资源 FPGA 平台的高效运行。最后，将现有 CPU、GPU 方法与 FPGA 方法进行综合实验比较。实验结果表明：FPGA 方法在三维重建的时间消耗上与 GPU 方法接近，比 CPU 方法快近 20 倍，但功耗仅为 GPU 方法的 2.23%。

第 8 章

基于引导可变形聚合的
高效立体匹配网络

8.1 引言

快速高效的立体匹配在三维模型重建[177-178]、自动驾驶[175]、机器人[67][175]等领域发挥着至关重要的作用。随着卷积神经网络的发展,基于深度学习的立体匹配方法取得了许多高质量的结果。因此,高效、准确的立体匹配算法一直是近年来研究的热点问题。

早期的高效立体匹配结构通常是二维卷积神经网络架构,该类网络结构实现简单、匹配快速高效。DisNetC[179]首先提出一个端到端的卷积神经网络架构来解决立体匹配问题,与非端到端立体匹配算法 MC-CNN[180] 相比,DisNetC 提出的方法在速度上大大约快 1000 倍。卷积神经网络的引入大大提高了立体匹配的效率和精度,之后,大量的基于卷积的端到端网络架构被用于解决立体匹配问题。

为了进一步提高匹配精度,三维卷积逐渐应用到立体匹配中。GCNet[181]首次将三维卷积应用于立体匹配,并取得了优于二维卷积神经网络的精度。然而,这些基于三维卷积的高精度立体匹配算法与二维卷积方法相比,通常需要较高的代价和较长的计算时间。例如 GaNet 获取视差信息的时间为 1.8 s[182]。为了提高三维卷积算法的匹配速度,一些算法在匹配过程中降低图像分辨率以减少三维卷积的计算量[183][187]。这些基于低分辨率图像的算法实现了实时匹配性能,却大大降低了匹配精度[185],特别是对于边缘区域和薄结构等复杂的高频区域,图像分辨率的降低必然导致复杂高频区域的信息丢失,极大地影响了这些区域的匹配精度。因此,如何在准确性和效率之间取得平衡是一个亟待解决的问题。

基于以上分析,本章节提出了一种高效、准确的立体匹配网络 GDANet,该网络在复杂的高频区域,特别是边缘区域和薄结构中具有良好的边缘保持效果。本章的主要内容如下:(1)为了恢复复杂的高频信息,本章提出了一种基于二维卷积的轻量级代价聚合模块——引导可变形聚合。基于相似颜色区域具有相似代价值的假设,引导可变形聚合结构学习不规则的聚集采样点,使薄结构和边缘区域的聚集采样点聚集在颜色相近的区域。(2)为了平衡立体匹配的精度和速度,本章构建了一个高效、准确的立体网络 GDANet。该网络构建低分辨率图像的初始代价体,即先利用三维聚合快速匹配低频信息,然后利用轻量化的 GDA 结构恢复高频细节信息。

8.2　相关工作

在本节中,我们回顾了相关的代价聚合方法和有效的保边立体匹配算法。

8.2.1　代价聚合

代价聚合是立体匹配算法的重要步骤,通常用于优化初始代价体来提高匹配精度。在传统的立体匹配算法中,代价聚合通常在同一视差层下进行聚合,每个视差层通过规则的矩形窗口分别进行聚合[186-187]。这种规则的矩形窗口的聚合方法通常基于匹配窗口中所有像素有近似代价值的假设,然而当视差不连续时,这种假设是不成立的,将导致复杂高频区域的模糊匹配问题,特别是边缘区域和薄结构区域。为了获得更高的聚合性能,一些算法使用原始图像信息进行辅助聚合,如 Zhang 等[188]提出了基于交叉局部支持区域的代价聚合,并为每个像素选择颜色相近的聚合区域。

近年来,基于卷积神经网络代价聚合的相关工作大致可分为两类:一类是二维代价聚合,另一类是三维代价聚合。最早的基于深度学习的立体匹配算法采用二维聚合,因其简单高效[183][189-190]。在网络架构中,基于二维卷积的代价聚合一般采用编码器-解码器网络实现[179],通过将多层特征图卷积成一层来获得视差图。为了进一步提高匹配算法的精度,3D 卷积逐渐应用于代价聚合[191-194]。GCNet 首先将三维卷积应用于立体匹配算法的代价聚合,并取得了比二维卷积方法更好的效果。之后,大量研究围绕三维卷积展开,PSMNet[195]中提出了三维编码器-解码器结构的沙漏聚合网络,在 GwcNet[196]中进一步对沙漏结构进行优化,大大提高了匹配精度,由于该结构优异的聚合性能,沙漏聚合网络被许多高精度算法所采用。GANet[182]根据半全局匹配算法,提出了一种引导聚合网络来引导代价量进行聚合。

　　基于深度学习方法通常在低分辨率图像下进行聚合,可以节省算力、提高效率,进而得到精度较高的视差图,但不可避免会造成高频细节区域的匹配信息丢失。为了解决这个问题,本节提出了一个引导的可变形聚合结构。该结构在全分辨率图像下进行聚合,解决了边缘区域和薄结构的匹配信息丢失问题,在复杂的高频区域具有良好的边缘保存效果。

8.2.2　边缘保持的立体匹配算法

　　近年来,为了恢复边缘区域、薄结构等复杂高频区域的信息,大量的立体匹配算法都侧重于提高边缘区域的精度。StereoNet[185] 提出了一种边缘感知网络来优化视差图,它以颜色输入为导向,混合高频细节,从而扩大或侵蚀视差值,达到边缘保持的效果。EdgeStereo[197] 增加了额外的边缘提取网络进行辅助聚合,以提高边缘区域的匹配精度。AANet[198] 将可变形卷积应用于代价聚合过程,自适应聚合恢复高精度边缘区域和薄结构。BGNet[184] 提出了一种双边网格的代价体积上采样模块,可以对粗代价体积进行边缘感知上采样。

　　为了改善边缘区域的匹配质量,实现高效、准确的立体匹配,本节设计了一个基于引导可变形聚合的立体匹配网络 GDANet。首先,采用低分辨率快速匹配策略获取初始代价体,然后分别采用低分辨率三维聚合和高分辨率引导可变形聚合来快速提高代价体的精度。

8.3　方法

8.3.1　引导可变形聚合

　　在采用卷积结构进行聚合时,受限于规则窗口进行聚合,往往需要依赖于大量的数据学习以及更深层次的网络。可变形卷积通过额外的卷积对输入特征学习偏移量和调制标量,打破卷积结构固定位置采样的局限,可以有效适应物体的不同尺度、姿态和局部形变。但是可变形卷积仍然强调自适应性学习,对几何变换的建模能力和卷积结构一样同样依赖于更深层次的网络。为进一步增强可变形卷积的建模能力,加强对代价聚合过程中局部区域识别能力,本节提出了具有引导性学习偏移量和调制标量的引导可变形聚合结构。

　　如图 8.1 所示,为了引导代价体进行引导聚合,引导可变形聚合结构增加了额外的引导特征图作为输入。其输入为一个粗略的代价体和一个引导特征图；输出是细化的代价体。其中，粗略的代价体和引导特征图具有相同的分辨率。

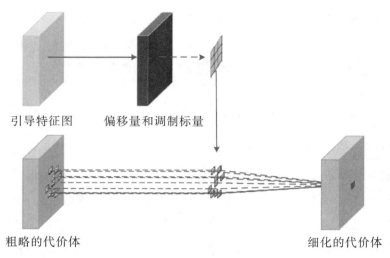

引导特征图　　偏移量和调制标量

粗略的代价体　　　　　　　　　　　　　　　　细化的代价体

图 8.1　引导可变形聚合

与传统的规则窗口代价聚合不同，引导可变形聚合结构对于每一个像素点学习专属的聚合采样点，以此来拟合不规则的聚合窗口。首先，我们通过卷积层对引导特征层进行学习偏移量，然后将偏移量应用到规则窗口的像素点得到聚合采样点。为了克服代价聚合中的权值共享问题，本节对聚合的采样点进行了额外的采样权值学习，即调制标量。

首先，对引导特征映射进行卷积运算，学习其偏移量和调制标量；卷积计算公式如下：

$$\widetilde{f}(p) = \sum_{k=1}^{K} \omega_k \cdot f(p + p_k) \tag{8.1}$$

其中，K 表示卷积核的采样点数量，$f(p)$ 和 $\widetilde{f}(p)$ 分别表示 p 位置卷积前后的特征值，p_k 表示第 k 个位置的固定偏移量，ω_k 表示第 k 个采样点的卷积权重。例如，卷积核结构为 3×3，扩张率为 1 时，即 $K=9$，$p_k \in \{(-1,-1),(-1,0),\cdots,(1,1)\}$。

其次，将学习到的偏移量和调制标量应用于卷积核，得到变形后的卷积核。通过式(8.1)中的引导特征图进行卷积计算得到偏移量和调制标量。输出通道数为 $3N$，其中 N 为聚合采样点数。其中，前 $2N$ 个通道为偏移量 Δp_n，其取值范围为任意实数；将后 N 个通道通过 sigmoid 层，得到调制标量 Δm_n，其取值范围为 $[0,1]$。根据变形的聚合采样点，对粗糙代价体进行聚合。计算公式如下：

$$\tilde{C}(p) = \sum_{n=1}^{N} \omega_n \cdot C(p + p_n + \Delta p_n) \cdot \Delta m_n \tag{8.2}$$

其中，$C(p)$ 表示聚合前 p 位置的代价值，$\tilde{C}(p)$ 表示聚合后 p 位置的代价值。p_n 为第 n 个聚合采样点的固定偏移量，ω_n 为第 n 个聚合采样点的卷积权重。

8.3.2 GDANet 架构

基于引导可变形聚合结构，本节构建了一个高效的立体匹配网络 GDANet。GDANet 架构如图 8.2 所示，包括特征提取、代价体构建、3D 代价聚合、2D 引导可变形聚合和视差回归五个步骤。

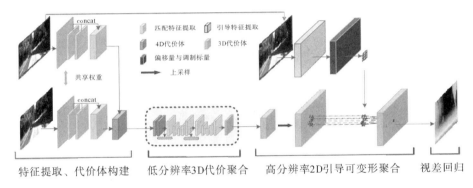

图 8.2 GDANet 架构

（1）特征提取。特征提取包括匹配特征提取和引导特征提取。对于匹配特征提取，首先，使用卷积核为 3×3 的两次卷积对输入图像进行下采样，其步长分别为 3 和 2。其次，使用 3 个残差块提取 $\frac{1}{6}$ 分辨率的初始特征图，其扩张率为 1。再次，使用两个残差层进一步提取特征图，其扩张率为 2。最后，将提取的 $\frac{1}{6}$ 分辨率的特征图进行连结得到 128 个通道的特征图。分别从左右图像中提取特征映射，进行代价体构建。左右图像特征映射分别用 f_l 和 f_r 表示。对于引导特征提取，先对左侧图像进行两次卷积核为 3×3 的卷积计算，步长均为 1。然后，进行两层残差块提取特征，得到与左图相同分辨率的 36 通道的引导特征图。

（2）代价体构建。代价体反映了左右图像配准像素之间的匹配关系。本节构建组相关代价体，避免了构建单个代价体的信息损失。将匹配特征图按照通道数

N_c 划分为 N_g 组来构建分组相关代价体。本网络 N_g 设置为 32。代价体 V 构造如式（8.3）所示：

$$V^g(d,x,y) = \frac{1}{N_c/N_g}\langle f_l^g(x,y), f_r^g(x-d,y)\rangle \tag{8.3}$$

其中，g 表示分组，d 为视差值；$\langle f_l, f_r \rangle$ 表示对左右特征的内积计算，用于计算左右视图像素之间的相似性。

（3）3D 代价聚合。3D 代价聚合包括预处理结构和双层的沙漏结构。为了提高匹配精度，本节增加了输出模块作为中间监督。3D 代价聚合架构如图 8.3 所示。其中，预处理结构为两层连续三维卷积结构，输出模块是一个单层三维卷积，它将多通道的组相关代价体通过三维卷积压缩为一个单通道的代价体，然后回归视差图。前两个输出模块只在训练时进行辅助计算，在推理时不进行计算。3D 代价聚合是在 $\frac{1}{6}$ 分辨率下计算的，它保持了较低的时间消耗并获得了较高的精度。

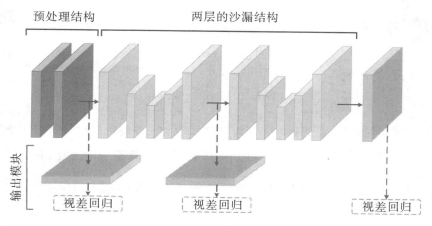

图 8.3　3D 代价聚合架构

（4）2D 引导可变形聚合。通过 3D 代价聚合得到 $\frac{1}{6}D \times \frac{1}{6}H \times \frac{1}{6}W$ 的代价体。为了恢复高频细节信息，GDANet 在全分辨率下应用了引导可变形聚合结构。首先，将代价体 $\frac{1}{6}$ 尺寸的低分辨率代价体线性插值到全分辨率。其次，根据以往的工作，低视差搜索范围仍然可以回归高精度的视差图，同时提高聚合速度。

因此,我们只对 W 和 H 维度进行线性插值,得到 $\dfrac{D}{6} \times H \times W$ 的代价体。最后,采用引导可变形聚合结构对全分辨率粗略代价体进行细化。

(5)视差回归。为了将得到的代价体转化为视差图,本节通过 soft argmin 函数进行视差回归。经过 3D 代价聚合和 2D 引导可变形聚合结构后的代价体,首先通过线性插值将其扩展至维度为 $D \times H \times W$ 的代价体,然后采用 soft argmin 函数回归视差,其计算公式为:

$$\widetilde{d} = \sum_{d=0}^{D_{\max}-1} d \times \sigma(c_d) \tag{8.4}$$

其中,$\widetilde{d}$ 为预测的视差值,$D_{\max}$ 为最大视差,$\sigma(c)$ 为 softmax 函数,c_d 为视差值为 d 的代价值。Soft argmin 函数可以回归亚像素精度的视差值。

对于 GDANet 架构,最终损失 L 的计算公式如下:

$$L = \sum_{i=0}^{2} \lambda_i \cdot Smooth_{L1}(d_i - d^{gt}) + \eta \cdot Smooth_{L1}(d^{ref} - d^{gt}) \tag{8.5}$$

其中,d^{gt} 为真实视差值;d_i 为 3D 代价聚合输出的视差图,$\lambda_i (i=0,1,2)$,η 为其权值;d^{ref} 是 2D 引导变形聚合输出的视差图;$Smooth_{L1}$ 为平滑损失函数,其计算公式如下:

$$Smooth_{L1}(x) = \begin{cases} 0.5x^2, \text{if} |x| < 1 \\ |x| - 0.5, \text{otherwise} \end{cases} \tag{8.6}$$

8.4　实验与分析

8.4.1　数据集与评估指标

为了验证 GDANet 的有效性,本节在多个立体匹配标准数据集上进行了测试,如 Scene Flow[179]、KITTI 2012[199] 和 KITTI 2015[200]。

(1)Scene Flow 数据集。Scene Flow 数据集是一个合成的立体匹配标准数据集,该数据集提供了 35454 对训练图像和 4370 对测试图像,并提供密集的真值视差图。常用到的评估指标为端点误差(end-point error,EPE),表示所有像素的平均误差。

(2)KITTI 数据集。KITTI 数据集包括 KITTI 2012 和 KITTI 2015,均通过激光雷达获得稀疏的视差图。KITTI 2012 包含 194 个训练图像对和 195 个测试图像对,通常使用 D1-all 和 D1-occ 作为评价指标,分别表示所有区域和未遮挡区域中匹配异常值的平均百分比。KITTI 2015 包含 200 个训练图像对和 200 个测试图像对,其常用的评价指标为 n-all 和 n-occ,表示在所有区域和未遮挡区域中误差大于 n 的像素的平均百分比。

8.4.2 实验细节

本节基于 PyTorch 深度学习架构,在单个 NVIDIA A100 Tensor Core GPU 进行网络训练。对于此次实验,采用 Adam 优化器,设置参数 $\beta_1 = 0.9, \beta_2 = 0.999$,同时设置 4 个预测视差图的权重分别为 $\lambda_0 = 0.5, \lambda_1 = 0.7, \lambda_2 = 0.8, \eta = 1.0$。

实验在 Scene Flow 数据集上进行预训练,迭代次数为 50 次,初始学习率为 0.001,并且分别在迭代次数为 20、32、40、44、47 次后将学习率降低一半。预训练的训练批次为 12,测试批次为 8。经过在 Scene Flow 数据集上的训练得到预训练模型后,在 KITTI 数据集上进行微调,来对真实场景进行立体匹配。

8.4.3 消融实验

1.引导可变形聚合模块

为了验证引导可变形聚合结构的有效性,本节设计了一个基于直接线性上采样(linear upsampling,LU)的网络与 GDANet 进行比较。基于 LU 的网络直接将三维代价聚合后的代价体线性上采样到 $D \times H \times W$ 代价体,然后对视差图进行回归。实验在 Scene Flow 数据集上进行,实验结果见表 8.1。通过实验分析,基于 LU 的网络的 EPE 为 0.84 像素,而 GDANet 将 EPE 降低到 0.69 像素。在运行时间方面,GDANet 比基于 LU 的网络多 14.5 ms。其中提取引导特征图耗时 9.5 ms,GDA 模块耗时 5.0 ms。实验充分验证了轻量化 GDA 模块在提高立体匹配精度方面的性能。

表 8.1 引导可变形聚合模块的消融实验

方法	EPE(px)	EPE-edge(px)	EPE-flat(px)	Time(ms)
LU	0.84	7.63	0.61	32.8
GDA	0.69	3.45	0.55	47.3
DCN	0.86	—	—	39.6

此外,本节对基于 LU 的网络和 GDANet 进行了定性比较,结果如图 8.4 所

示。通过对比分析表明,基于 LU 的网络与 GDANet 的视差图整体视觉差异较小。然而,通过局部细节区域对比容易发现,基于 LU 的网络生成的视差图存在明显的匹配误差(如在边缘区域存在匹配模糊的问题,如图 8.4 实线矩形区域所示;在薄结构中,存在结构匹配不完整和匹配不连续的问题,如图 8.4 虚实线矩形区域所示)。而基于 GDA 网络生成的视差图在复杂的高频区域,特别是边缘区域和薄结构上有明显的改善。在边缘区域,引导特征、引导边缘位置像素实现对颜色相近的区域感知,解决了边缘区域的匹配模糊问题。在薄结构中,GDA 模块可以有效地恢复丢失的匹配信息,解决了薄结构不完全匹配的问题。实验从定性的角度验证了 GDA 模块的有效性。

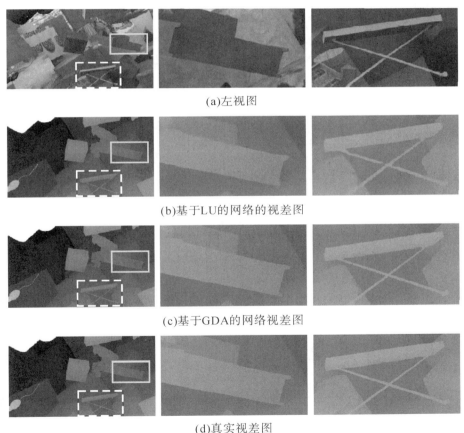

(a)左视图

(b)基于LU的网络的视差图

(c)基于GDA的网络视差图

(d)真实视差图

图 8.4 引导可变形聚合的定性对比

为了验证 GDA 模块在边缘区域的精度提高效果,本节专门针对边缘区域进行了定量分析实验。首先,利用 Canny 算法提取图像的边缘,然后,使用 5×5 的正方形结构单元对这些检测到的边缘进行扩展。扩展后的区域表示为边缘区域，该区域的误差表示为 EPE-edge；其他区域为非边缘区域，其误差表示为 EPE-flat。分别测试边缘区域和非边缘区域的 EPE 误差，与基于 LU 的网络视差图进行对比，实验结果见表 8.1。实验表明，无论是边缘区域还是平坦区域，GDA 模块都极大地提高了实验精度。特别是在边缘区域，其 EPE 从 7.63 下降到 3.45。边缘精度提高了近 54.8%，充分验证了 GDA 模块可以有效提高边缘区域的匹配精度，并具有较高的边缘保持能力。

2.可变形卷积

引导可变形聚合结构基于可变形卷积（deformable convolution networks，DCN）结构，但它比可变形卷积更适合于立体匹配代价聚合。为了验证这一点，本节使用单个可变形卷积结构来替换引导可变形聚合结构。DCN 结构的消融实验与基于 LU 的网络和 GDANet 进行对比，实验结果见表 8.1。通过实验对比，基于 DCN 的聚合精度比基于 LU 的网络低 0.02，降低了聚合精度。实验证明了具有引导特性的引导可变形聚合结构对粗略的代价体有进一步的优化作用，而自适应特征的可变形卷积不能提高匹配精度。

3.不同分辨率下的网络

为了平衡匹配的速度和精度，本节在 Scene Flow 数据集上设置了不同分辨率下的对比实验，分别以原始图像的 $\frac{1}{4}$、$\frac{1}{6}$、$\frac{1}{8}$ 分辨率建立网络，实验结果见表 8.2。实验表明，低分辨率匹配速度较快，但精度损失较大（如 $\frac{1}{8}$ 分辨率）；同时，高分辨率虽然实现了更高的匹配精度，但难以获得实时匹配性能（如 $\frac{1}{4}$ 分辨率）。综上所述，GDANet 采用原始图像的 $\frac{1}{6}$ 分辨率的比例进行匹配。

表 8.2 不同分辨率下的网络

分辨率倍数	EPE(px)	Time(ms)
$\frac{1}{4}$	0.60	102.6
$\frac{1}{6}$	0.69	47.3
$\frac{1}{8}$	0.81	36.1

8.4.4 采样点可视化

本节通过采样点可视化实验来验证引导可变形聚合结构的参数学习能力。实验设置聚合窗口的尺寸为一个规则的 3×3 卷积核,即 $N=9$,聚集采样点的扩张率为3,将采样参数添加到规则聚集窗口中,以获得偏移后的聚合采样点并将其可视化。分别使用边缘区域和平面区域进行可视化对比,如图8.5所示(其中,白色点表示聚合位置,黑色点表示学习到的聚合采样点)。在图8.5中,图(a)为边缘区域的可视化效果,图(b)为平坦区域的可视化效果。通过对比显示,对边缘区域进行聚合时,大部分采样点聚集在相似颜色区域;对非边缘的平坦区域进行聚合时,采样点通常分布在聚合位置四周。实验结果表明,GDA 模块具有边缘感知能力和引导采样参数学习能力。

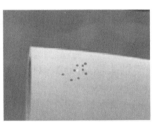

(a)边缘区域 (b)平坦区域

图8.5 采样点可视化

8.4.5 基准测试

1.Scene Flow

在 Scene Flow 数据集中,本节采用定量和定性的方式将 GDANet 与最先进的快速立体匹配网络进行比较。

在定量上,将 GDANet 与最近的高效立体匹配网络进行了比较。实验精度和耗时见表8.3。实验结果表明,GDANet 比目前最先进的快速立体匹配网络具有更高的精度。

表 8.3 Scene Flow 基准测试结果

方法	EPE(px)	Time(ms)
DispNetC[179]	1.68	60
StereoNet[185]	1.10	15
DeepPruner-fast[183]	0.97	62
AANet[198]	0.87	60
BGNet[184]	1.17	25
MDCNet[202]	0.77	50
ACVNet-fast[194]	0.77	48
GDANet	0.69	47.3

在定性上,本节将 GDANet 与目前具有代表性的快速立体匹配网络方法(如 AANet,BGNet 和 ACVNet-fast)进行对比,如图 8.6 所示。通过定性对比表明, AANet、BGNet 和 ACVNet-fast 均存在对薄结构匹配不完全、边缘区域模糊的问题。实验结果表明,GDANet 在复杂的高频区域取得了较好的匹配效果。

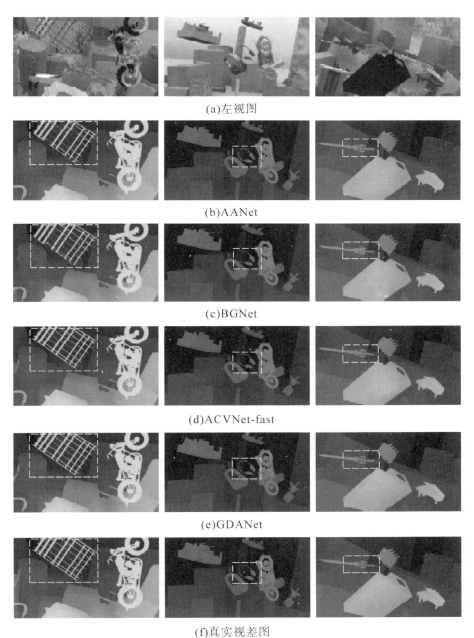

(a)左视图

(b)AANet

(c)BGNet

(d)ACVNet-fast

(e)GDANet

(f)真实视差图

图 8.6　Scene Flow 可视化效果

2.KITTI

KITTI 建立了一个公开的评估网站，本节使用 KITTI 2012 和 KITTI 2015

数据集分别对 Scene Flow 数据集训练的预训练网络进行微调。选择最好的模型进行评估,并将测试结果上传到 KITTI 官方网站进行比较。KITTI 2012 和 KITTI 2015 的基准测试结果见表 8.4。

表 8.4　KITTI 基准测试结果

方法	KITTI 2012（%）						KITTI 2015（%）		Time (ms)
	2-noc	2-all	3-noc	3-all	5-noc	5-all	D1-noc	D1-all	
GCNet[181]	2.71	6.28	3.39	4.41	1.12	3.00	2.61	2.87	900
PSMNet[195]	2.44	3.01	1.49	1.89	0.90	1.15	2.14	2.32	410
GwcNet[196]	2.16	2.71	1.32	1.70	0.80	1.03	1.92	2.11	320
GANet-deep[182]	1.89	2.50	1.19	1.60	0.76	1.02	1.63	1.81	1800
AcfNet[191]	1.83	2.35	1.17	1.54	0.77	1.01	1.72	1.89	480
CFNet[193]	1.90	2.43	1.23	1.58	0.74	0.94	1.73	1.88	180
DispNetC[179]	7.38	8.11	4.11	4.65	2.05	3.39	4.05	4.34	60
StereoNet[185]	4.91	6.02	—	—	—	—	—	4.83	15
FADNet[190]	3.27	3.84	2.04	2.46	1.19	1.45	2.39	2.60	50
DeepPrunner-fast[183]	—	—	—	—	—	—	2.35	2.59	61
RTSNet[201]	3.98	4.61	2.43	2.90	1.42	1.72	—	3.41	20
AANet[198]	2.90	3.60	1.91	2.42	1.20	1.53	2.32	2.55	60
BGNet+[187]	2.78	3.35	1.62	2.03	—	—	2.01	2.19	32.3
MDCNet[202]	2.32	2.91	1.54	1.97	—	—	1.88	2.08	50
GDANet	2.22	2.83	1.36	1.78	0.83	1.08	1.83	2.02	47.3

表 8.4 展示了 GDANet 与目前主流的方法的测试结果对比,其中上面的部分为大型复杂立体网络,下面的部分为高效的立体网络。通过实验发现:与目前主流的 BGNet、MDCNet 等高效网络相比,GDANet 具有了更好的匹配精度。与大型网络相比,GDANet 仍然有着较强的优势,如与 GwcNet 相比,GDANet 只需要 GwcNet $\frac{1}{6}$ 的计算时间就可以达到更高的匹配精度。证明了 GDANet 在实际应用场景下的高效性和准确性。

同时,GDANet 在 KITTI 数据集上也具有较高的边缘保持性能。本节将 GDANet 与主流的边缘保持特性的网络进行对比,如 AANet、BGNet,并进行可视化对比实验,如图 8.7 所示。可视化对比表明,与 GDANet 相比,AANet 和

BGNet 在复杂高频区域均存在匹配误差,特别是在薄结构中,AANet 和 BGNet 都存在明显的信息丢失情况,但 GDANet 表现出优异的边缘保持性能(如图 8.7 中虚线矩形所示)。实验验证了 GDANet 在真实驾驶场景中的可行性。

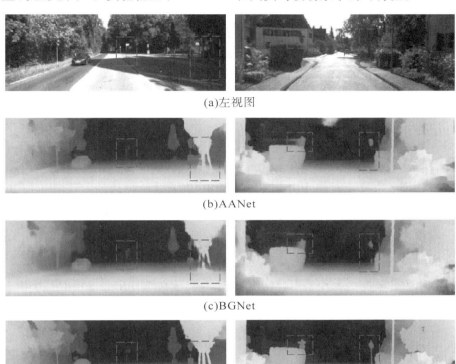

(a)左视图

(b)AANet

(c)BGNet

(d)GDANet

图 8.7　KITTI 的可视化实验结果

8.4.6　运行时间分析

为了分析 GDANet 的运行时间,本节分别计算了网络体系结构中各个模块的运行时间。GDANet 的网络架构包括匹配特征提取、代价体构建、3D 代价聚合、引导特征提取、引导可变形聚合和视差回归。实验在 KITTI 2015 数据集上进行,其图像的分辨率为 1248×375 PPI。使用 KITTI 2015 数据集中的 200 对测试图像对 GDANet 进行测试,然后取平均时间作为各模块的运行时间。GDANet 各模块运行时间分析见表 8.6。

表 8.6　GDANet 各模块运行时间分析

模块	Time(ms)
匹配特征提取	2.7
代价体构建	2.2
3D 代价聚合	19.8
引导特征提取	9.5
引导可变形聚合	5.0
视差回归	8.1
总计	47.3

表 8.6 展示了 GDANet 中每个模块的平均运行时间。由于实验的匹配特征提取和代价体构建是在低分辨率下进行计算，因此这些模块的运行时间较短，分别约为 2.7 ms 和 2.2 ms。虽然 3D 代价聚合也是在低分辨率下进行的，但由于三维卷积本身的高消耗特性，该模块的运行时间仍然相对较高，约为 19.8 ms。在本次测试中，视差回归模块的平均运行时间约为 8.1 ms。GDANet 中另一个运行时间占比较高的模块是引导特征提取，它需要在全分辨率下提取每个像素的一元引导特征，运行时间约为 9.5 ms；引导可变形聚合模块在全分辨率下进行计算，但由于视差范围聚合较低，其平均运行时间约为 5.0 ms。综上所述，GDANet 的总体运行时间为 47.3 ms。

8.5　小结

为了实现高效的立体匹配，缓解边缘区域的高频信息损失，本章提出了一种引导可变形聚合结构。该结构可以优化粗糙代价体，恢复因下采样分辨率而损失的细节信息。在 GDA 模块的基础上，提出了一种高效的立体匹配网络 GDANet。该网络在低分辨率下执行大部分计算，提高了匹配速度，然后，在全分辨率下进行引导可变形聚合，以提高高频区域的精度。实验证明，GDANet 可以有效地缓解复杂高频区域的信息损失。在 KITTI 基准测试中，与当前先进的高效立体匹配算法相比，GDANet 可以实现更高的匹配精度。

第9章

多级引导优化的
精确立体匹配网络

9.1 引言

立体匹配网络旨在对双目相机捕获的双目图像进行深度信息计算,它在三维重构[176]、自动驾驶[175]、增强现实[203]等计算机视觉领域中起着至关重要的作用。随着 MC-CNN 首次将卷积神经网络架构用于解决立体匹配问题[180],近年来基于深度学习的立体匹配算法已经取得了许多高质量的研究成果,但针对细节区域的高精度匹配计算仍是一个具有挑战性的问题。

为了处理该问题,现有的立体匹配网络通常从特征提取、代价体构建、代价聚合、视差回归及视差优化五个步骤进行处理。其中,代价聚合步骤在提升算法精度上有着重要的作用。近年来,面向立体匹配网络中代价聚合的相关研究大致可以分为两类:一类是 2D 代价聚合;另一类是 3D 代价聚合。

最初基于深度学习的立体匹配架构采用的是 2D 代价聚合的方式,其结构简单、快速高效,甚至在不考虑立体匹配网络中的几何约束的情况下能够回归高精度视差。在网络架构方面,基于 2D 卷积的代价聚合一般采用大型 U 形编码器-解码器网络来实现[179],将多层特征图通过卷积压缩到一层得到视差图。此外,它的另一个优点是可以将对回归视差图有帮助的相关特征层进行连结用于辅助聚合,如 EdgeStereo 中将相关代价体、左图像特征、边缘特征进行串联进行聚合,从而实现边缘感知的立体匹配[192]。

为了进一步提升匹配算法的精度,3D 卷积逐渐被应用到代价聚合中。Alex 等[176]首次提出了基于 3D 卷积的立体匹配网络 GCNet,该结构根据对极几何原理直接对左右特征进行连结构建一个 4D 代价体,并使用 3D 卷积来聚合得到最终的代价体。之后大部分研究主要围绕 3D 卷积展开,Chang 等[194] 提出了沙漏聚合网络,提高了匹配精度;Guo 等[196] 对沙漏聚合网络的结构进行优化,进一步提升了沙漏聚合网络的性能。3D 代价聚合通常在低分辨率的图像下进行特征匹配与聚合,如 PSMNet 在原图像 $\frac{1}{4}$ 的宽高下进行,GANet[182] 在原图像 $\frac{1}{3}$ 的宽高下进行。最终,基于低分辨率的代价体直接上采样得到全分辨率的代价体从而回归视差。该策略对于提升算法的计算速度有出色的效果,同时也表现出优于 2D 立体匹配算法的精度,但伴随而来的是图像分辨率的降低导致原始图像中细节区域出现特征损失、边缘区域特征模糊等问题,从而造成匹配视差图细节、边缘区域匹配误差较大。而基于全分辨率的 3D 立体匹配算法,易产生极大的计算量和内存消耗,因此一般不会被采用。此外,基于 3D 卷积的聚合算法还有一个不足,即目前它暂不具备在 2D 聚合过程中将原始图像等相关信息融入代价体进行辅助聚合的能力。

综上,基于低分辨率的 3D 卷积立体匹配算法可以有效回归高精度视差图,但是损失了细节信息;基于 2D 卷积的立体匹配可以补充细节信息辅助聚合,并在全分辨率上进行聚合,但是精度不如 3D 代价聚合。基于此,本章构建一个融合 3D 代价聚合与 2D 代价聚合的匹配网络(guided refinement stereo matching network,GRNet)实现高精度、细节完整的立体匹配,通过 3D 代价聚合来提高匹配精度,通过构建 2D 引导代价聚合来恢复出细节信息。本章主要内容如下:(1)构建一个基于引导可变形聚合的引导优化聚合模块,可以将额外的辅助信息添加到代价聚合中,有效引导代价体进行聚合计算;(2)提出融合 3D 代价聚合全局优势和 2D 代价聚合局部优势的立体匹配网络 GRNet,该网络可以实现像素级边缘保持和细节区域清晰的高精度立体匹配。此外,本章的立体匹配算法在 KITTI 2012[186]、KITTI 2015[187] 等标准数据集测试中都有着出色的表现。

9.2 相关工作

基于深度神经网络的算法被大量应用于立体匹配研究,本节主要从特征提取、代价聚合等方面的相关工作进行综述。特征提取、代价聚合的具体内容如下。

(1)特征提取。特征提取是立体匹配过程的关键步骤之一,目前主流立体配算法通常采用卷积层和堆叠的残差块来提取特征。Chang 等[195]将金字塔池化应用到特征提取;Chabra 等[204] 提出了 Vortex 池化,进一步提升了实验效果。然而,该类算法都采用了单一尺度的特征提取,难以处理不同区域的具体匹配情况。为了提高匹配精度,大量网络架构进行了多尺度的特征提取改进,Xu 等[198] 将金字塔池化应用到特征用于提取,提取到三个不同尺度的特征;Tankovich 等[205] 同样提取多尺度特征,实现了由粗到细的立体匹配;Shen 等[193] 提取多尺度特征处理不同领域的立体匹配。此外,扩张卷积[197] 也具备类似多尺度特征提取的特性,且具备在不降低图像分辨率的同时扩大感受野的优势,已在很多视觉任务中发挥了较好的作用。

为了实现不同区域的高精度匹配计算,本章构建多特征提取结构,采用不同扩张率的扩张卷积作为分支结构进行特征提取。该结构的优势在于它可以在保持同一尺度特征提取的同时又能提取到不同感受野的特征,兼顾图像中不同尺寸区域的匹配,使得不同感受野的匹配结果进行互补,实现更全面的配准计算。

(2)代价聚合。基于 2D 卷积的代价聚合一般采用编码器-解码器网络来实现,将多层特征图通过卷积压缩到一层回归视差图。随着 3D 卷积被引入立体匹配,大量实验通过对低分辨率的 4D 代价体进行聚合。Chang 等[195] 提出了沙漏聚合网络,该结构在提升立体匹配精度上有着出色的表现,并在后来的基于深度学习的高精度立体匹配算法中被广泛沿用;Zhang 等[182] 根据传统半全局算法提出了 GANet,引导代价体进行聚合。

为了实现局部细节区域完整的配准计算,综合 3D 卷积立体匹配能够有效回归高精度视差图和 2D 卷积立体匹配可补充细节信息的优势,基于交叉代价聚合算法[188] 中颜色相近的区域往往有着接近代价值的假设,本章在 GRNet 网络架构中,设计了基于 2D 卷积的引导优化聚合模块两级架构:先通过 3D 卷积聚合模块获得粗略的低分辨率代价体,再采用两级基于 2D 卷积的引导优化聚合模块对全分辨率的代价体进行像素级的细化,进而实现高精度、细节完整的代价体。

9.3　GRNet 架构

GRNet 是一个端到端的神经网络结构,网络以左右图像作为输入,输出预测的是视差图。首先,通过多尺度特征提取模块捕获多尺度上下文信息,利用孪生神经网络结构同时接收两个输入,通过权值共享的方法大幅度减少参数量。其次,基于提取的匹配特征构建 4D 代价体,其构建方案为组相关代价体+连结代价体,避免构建单一代价体造成的信息损失。再次,通过串联的 3D 代价聚合和 2D 代价聚合对初始代价体进行逐步优化。最后,利用 soft argmin 函数得到最终 的视差图。GRNet 结构如图 9.1 所示,该网络结构由四个模块组成:多特征提 取、代价体构建、代价聚合和视差回归,其中代价聚合可以分为两个步骤:首先,进 行 3D 代价聚合,提升整体精度;其次,进行两级串联 2D 引导优化聚合,逐步细化 局部细节。

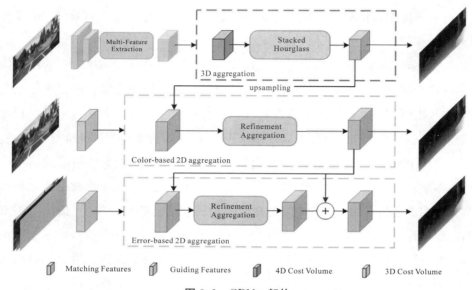

图 9.1　GRNet 架构

1.多特征提取

在特征提取步骤中,为了提高算法的效率,先采用两个步长为 2 的卷积来减 小图像分辨率,即得到原图像 $\frac{1}{4}$ 的特征图。随后,由于低扩张率的扩张卷积有着 较小的感受野,可提取细节区域特征,较高的扩张率可提取大尺度特征。因此,采 用不同感受野的特征相结合的方式具有兼顾不同尺度区域匹配的优势,也可以避 免单一尺度特征带来的匹配误差问题。基于此,本节采用不同扩张率的扩张卷积 构建多特征提取结构,如图 9.2 所示。该结构具有两层分支:第一层分支结构为 扩张率分别为 1,2,3 的三分支结构,第二层分支结构为扩张率分别为 2,4 的二分 支结构。

2.代价体构建

本节采用 GwcNet 中组相关代价体,该方法可以避免在构建单个代价体时的信息损失。但不同于 GwcNet 中的组相关体构建,本节通过多特征提取结构(图 9.2)捕获的不同感受野的多组特征构建多层组相关体,可以更好地反映左右视图像素点的匹配关系。同时,本节保留了 GwcNet 中连结代价体,其特征是通过对多层组特征进行串联并应用两次卷积计算获得。因此,本节的代价体由多层组相关代价体与连结代价体串联组成。代价体构建计算如下:

$$V_{\mathrm{gwc}}(d,x,y,g)=\frac{1}{N_c/N_g}\langle f_l^g(x,y),f_r^g(x-d,y)\rangle$$

$$V_{\mathrm{concat}}(d,x,y,f)=f_L(x,y)\,||\,f_R(x-d,y)$$

$$V_{\mathrm{combine}}=V_{\mathrm{concat}}(d,x,y,f)\,||\,V_{\mathrm{gwc}}(d,x,y,g) \tag{9.1}$$

其中,V_{combine} 表示最终代价体,V_{gwc} 表示组相关代价体,V_{concat} 表示连接代价体,$f(x,y)$ 表示 (x,y) 位置的代价值,d 表示视差值,N_c 为提取的特征层数,N_g 为划分的组数,$\langle f_l^g,f_r^g\rangle$ 为内积计算,用于计算左右视图像素之间的相似性,f 表示提取连接特征的特征通道数。

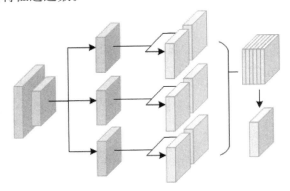

图 9.2 多特征提取结构

最后构建得到 $(N_g+2f)\times\dfrac{D}{4}\times\dfrac{H}{4}\times\dfrac{W}{4}$ 的代价体,D 为最大视差搜索范围,H 和 W 为提取到的特征的高和宽。

3.代价聚合

GRNet 代价聚由 3D 代价聚合和 2D 引导优化代价聚合三级串联构成(图 9.1 中深色虚线矩形和浅色虚线矩形)。其中,3D 代价聚合提升整体精度;而 2D 引导优化代价聚合分别通过颜色引导、误差引导两步级联优化逐步细化计算精度。

在 3D 代价聚合部分(图 9.1 中深色虚线方框),本节采用与 GwcNet 相似的处理方法,考虑到 GwcNet 的高效性,本节采用一个预处理结构和两个沙漏结构,并分别在预处理结构和两个沙漏结构后分别接一个输出单元,每个输出单元得到 $1 \times \frac{D}{4} \times \frac{H}{4} \times \frac{W}{4}$ 的代价体。需要注意的是该代价体可以直接回归视差图作为中间监督,使网络在浅层学习到较为准确的代价体,提高整体算法整体精度。最后一层输出单元的代价体作为 2D 代价聚合的输入。

在 2D 引导优化代价聚合部分(图 9.1 中浅色虚线方框),为了恢复出细节完整的全分辨率代价体,本节基于引导可变形聚合提出引导优化聚合模块,如图 9.3 所示。该结构可以在 3D 代价聚合的基础上,根据颜色、误差图等引导先验进行卷积核学习,进而实现引导优化聚合。

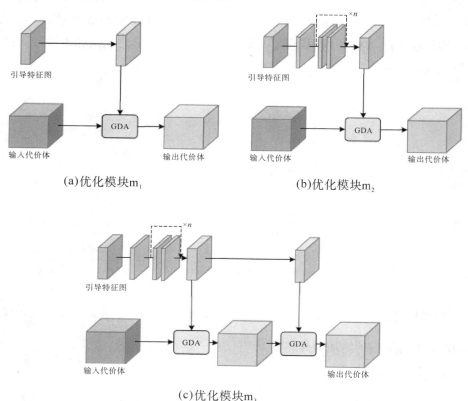

(a)优化模块m_1 (b)优化模块m_2

(c)优化模块m_3

图 9.3　引导优化代价聚合模块的不同方法

2D 引导优化代价聚合模块具体实施步骤如下：首先，对低分辨率代价体进行线性插值，使其还原为全分辨率代价体。考虑到小的视差搜索范围不仅可以回归到精确的视差值，也可以减少计算量及内存消耗，所以不在视差维度进行线性插值，插值得到 $\frac{D}{4} \times H \times W$ 的代价体作为粗略代价体。其次，通过引导优化代价聚合模块对粗略代价体进行两步级联 2D 引导代价体优化。两步级联 2D 引导优化代价聚合如下：（1）基于颜色引导的优化聚合（图 9.1 中 color-based 2D aggregation 方框）是根据原图像信息对代价体细节区域进行优化；（2）基于误差引导的优化聚合（图 9.1 中 error-based 2D aggregation 方框）则是构建误差图对误差区域进行优化。

对于基于颜色引导的优化聚合，根据相同颜色区域代价值相似的假设，将左视图作为引导输入特征图。根据颜色引导输入特征图的引导先验，引导可变形聚合对每个像素的颜色相近区域的采样点进行聚合，从而实现平缓区域中颜色相近的区域代价值相近，边缘区域得到有效识别，细节区域不完整匹配得到恢复。在本次引导优化模块中，第一层引导可变形聚合采用的扩张率为 4，它可以在较大范围内寻找到颜色相近的采样点进行聚合，能有效解决视差连续区域的匹配断裂问题；第二层引导可变形聚合采用的扩张率为 2，它可以使得每个点在附近颜色相近的区域进行聚合，进一步优化代价体。

对于基于误差引导的优化聚合，通过误差图引导先验进行残差代价体学习。首先，根据颜色引导的优化聚合回归得到的视差图对原始右视图进行 warp 计算，获得误差图。其次，将误差图、左视图、第一级引导优化视差图进行串联，并作为第二级引导优化聚合模块的引导先验特征，将误差图作为引导输入可以有效针对匹配误差较大的区域进行代价体的优化聚合。与颜色引导优化计算过程相似，该优化模块两次引导可变形聚合扩张率分别设置为 4 和 2。该模块通过学习残差代价体的方式实现对匹配存在误差的区域进行优化。

4.视差回归

这里采用 soft argmin 函数回归视差图。对三级串联 3D 和 2D 的引导优化聚合后的代价体均进行线性插值还原到全分辨率全视差搜索范围的代价体，进而回归视差图。其计算模型如下：

$$\widetilde{d} = \sum_{d=0}^{D_{\max}-1} d \times \sigma(c_d) \qquad (9.2)$$

其中,$\widetilde{d}$ 为预测视差,$D_{\max}$ 为最大视差,$\sigma(c)$ 为 soft argmax 函数,c_d 为视差候选对象 d 的代价值。

为了提高算法测试推理效率,在训练阶段训练完整的网络,测试推理阶段则不对 3D 卷积中前两个输出单元进行计算。将经过两级 2D 引导优化后的代价体作为最终精确代价体进行视差图回归。

5.损失函数

GRNet 架构中最终的损失 L 通过如下公式进行计算:

$$L = \sum_{i=0}^{2} \lambda_i \cdot Smooth_{L1}(d_i - d^{\text{gt}}) + \sum_{i=0}^{1} \eta_i \cdot Smooth_{L1}(d_i^{\text{ref}} - d^{\text{gt}}) \qquad (9.3)$$

其中,d^{gt} 为真实视差图,d_i 为 3D 代价聚合输出的视差图,λ_i 为 3D 代价聚合的权重,d_i^{ref} 为 2D 优化聚合输出的视差图,η_i 为 2D 代价聚合的权重。

9.4 实验与分析

9.4.1 数据集与评估指标

为了详细说明本章算法的有效性,本章在多个立体匹配标准数据集上进行测试,分别为 Scene Flow、KITTI 2012、KITTI 2015。其中 Scene Flow 是一组合成立体匹配标准数据集,提供 35454 个训练图像对和 4370 个测试图像对,分辨率为 960×540 PPI。该数据集提供了密集的视差图作为真实视差图。KITTI 2012 包含 194 个训练图像对和 195 个测试图像对,该数据集通过激光雷达获得稀疏标准视差图。KITTI 2015 包含 200 个训练图像对和 200 个测试图像对,该数据集同样通过激光雷达获得稀疏标准视差图。

9.4.2 实验细节

本节基于 Pytorch 深度学习框架,在单个 NVIDIA A100 GPU 进行网络训练。对于此次实验,采用 Adam 优化器,设置参数 $\beta_1 = 0.9$,$\beta_2 = 0.999$,分别设置 5 个预测视差图的权重分别为 $\lambda_0 = 0.5$,$\lambda_1 = 0.7$,$\lambda_2 = 0.8$,$\eta_1 = 0.8$,$\eta_2 = 1.0$。

实验在 Scene Flow 数据集上进行预训练,迭代次数为 50 次,初始学习率为 0.001,并且分别在迭代 20、32、40、44、47 次后将学习率降低一半。预训练的训练批次为 12,测试批次为 8。经过在 Scene Flow 数据集上的训练得到预训练模型后,在 KITTI 数据集上进行微调,来对真实场景进行立体匹配。

9.4.3　消融实验

1.多特征提取模块

为了验证多特征提取模块的有效性,本节以 GwcNet 为基准,设置多特征提取模块替换 GwcNet 中的特征提取模块的实验,记为 GRNet-0,并分别设置了堆叠沙漏网络结构个数为×2 和×3 的实验与 GwcNet 进行对比,见表9.1。实验结果显示:在相同的实验环境下,相较于 GwcNet 中原始级联的特征提取结构,本网络的多特征提取模块在 Scene Flow 数据集中 EPE 误差从 0.76 像素降低到 0.55 像素;在 KITTI 2012、KITTI 2015 验证集中均提高 20% 左右的精度;此外,采用 2 层沙漏网络的 GRNet-0 在各项误差指标中均达到超过原始 GwcNet 的效果。由表 9.1 中数据对比分析可知,通过对初始特征图采用分支结构的多特征提取结构优于 GwcNet 中级联特征提取结构。验证了通过多特征提取结构可以提取更全面的匹配信息,对立体匹配整体的精度有着明显的提升作用。

表 9.1　引导优化模块的定量分析

method	Stack Hourglass	Color-based aggregation	Error-based aggregation	Scene Flow EPE(px)	KITTI 2012-val 3-all(%)	KITTI 2015-val D1-all(%)
GwcNet[196]	×3			0.76	1.70	2.11
GRNet-0	×2			0.61	1.46	1.78
GRNet-0	×3			0.55	1.31	1.68
GRNet-c	×2	√		0.50	1.20	1.64
GRNet-ce	×2	√	√	0.48	1.16	1.56

2.引导优化模块

为了验证网络结构中两次级联 2D 引导优化模块在配准精度提升方面的有效性,本组实验分别设置无引导优化聚合网络 GRNet-0、基于颜色的引导优化网络 GRNet-c 以及基于颜色和误差的网络 GRNet-ce。由实验数据可知:①GRNet 在没有任何优化的情况下可以达到比 GwcNet 更高的精度;②在加入两次级联 2D 引导优化模块后,Scene Flow 验证集中 EPE 误差可以达到 0.48 像素;③KITTI 2012、KITTI 2015 数据集中相对于 GwcNet 精度均提高 30% 左右。图 9.4 展示了经过两次级联优化后的 GRNet 的可视化对比结果,GwcNet 在细小结构、边缘区域均存在模糊、不完整等问题,而 GRNet 有效缓解了上述问题,实验证明了 GRNet 中的两次级联 2D 引导优化聚合的有效性。

同时,本节评估了三种不同的引导优化聚合模块构建方式,如图 9.3 所示。其中,图 9.3(a)为优化 m1 结构不提取引导特征,直接对引导图像进行一次卷积作为输入;图 9.3(b)为 m2 结构对引导图像提取引导特征,其引导特征提取过程为添加卷积和残块堆叠;图 9.3(c)为 m3 结构对引导图像提取引导特征,同时采用两级引导可变形聚合,实验结果见表 9.2。由表 9.2 中的实验数据可知,采用 m3 结构的引导优化聚合结构可以达到更好的效果,证明本网络两级串联引导优化聚合模块(m3 结构)对提升算法精度的有效性。

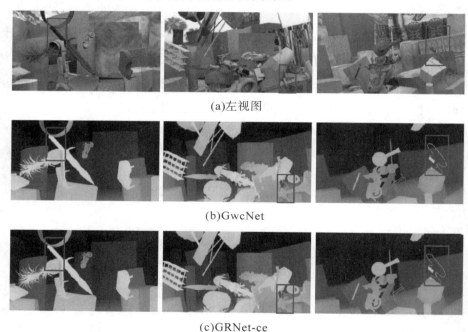

(a)左视图

(b)GwcNet

(c)GRNet-ce

图 9.4　引导优化模块测试结果可视化对比

表 9.2　不同优化模块在 Scene Flow 的定量分析

方法	EPE(px)	>1(%)	>2(%)	>3(%)
GRNet-m1	0.56	6.12	3.35	2.42
GRNet-m2	0.51	5.91	3.18	2.28
GRNet-m3	0.48	5.64	3.02	2.16

3.引导可变形聚合结构

为了验证引导可变形聚合对算法精度的提升作用,实验分别用传统卷积结构和可变形卷积结构(DCN-v2)来替换 GRNet 中的引导可变形聚合,并与无优化结构的实验进行对比,具体见表 9.3。实验结果表明,相较于无优化测试结果,基于可变形卷积结构的优化模块仅能对精度产生微弱的提升,而基于传统卷积结构的优化模块甚至会降低实验精度,但基于引导可变形聚合的引导优化模块却显著提升了实验精度(如 EPE 误差降低了 21.3%)。由此可知,引导可变形聚合在立体匹配任务中高性能的建模能力。

表 9.3　引导可变形聚合在 Scene Flow 上的性能分析

方法	EPE(px)	>1(%)	>2(%)	>3(%)
无优化	0.61	6.34	3.53	2.61
卷积	0.62	6.38	3.60	2.68
可变形卷积	0.59	6.35	3.47	2.52
引导可变形聚合	0.48	5.63	3.01	2.03

9.4.4　引导优化聚合模块的适用性

引导优化聚合模块同样可以应用到目前处于领先水平的立体匹配网络中,本节实验将基于颜色的引导优化聚合模块添加到以下三个网络中,即 PSMNet[195]、GwcNet[196] 和 AANet[198]。添加引导优化聚合模块后的网络分别表示为 PSMNet-GR、GwcNet-GR 和 AANet-GR,将原始网络与使用引导优化聚合模块后的网络性能进行比较测试,测试结果见表 9.4。从表 9.4 中测试结果对比可知,相较于先进的立体匹配网络,如 PSMNet、GwcNet、AANet 等,融合引导优化聚合模块后的网络精度均得到明显提升,其中 PSMNet-GR 的 EPE 误差降低了46.8%,GwcNet-GR 的 EPE 误差降低了 34.2%,AANet-GR 的 EPE 误差降低了20.7%;在 KITTI 2015 数据测试数据集中测试指标 D1-noc 及 D1-all 的精度提升了 20%左右。此外,本节对 ACVNet 及 ACVNet-GR 在 Scene Flow 数据集上进行了定量对比验证,其 ACVNet-GR 的测试结果中 EPE 误差为 0.47 像素,优于 ACVNet 文中实验结果 0.48 像素,验证了引导优化聚合模块的适用性。

表 9.4　引导优化聚合模块的适用性

方法	Scene Flow EPE(px)	KITTI 2015-val	
		D1-noc(%)	D1-all(%)
PSMNet[195]	1.09	2.14	2.32
PSMNet-GR	0.58	1.67	1.82
GwcNet[196]	0.76	1.92	2.11
GwcNet-GR	0.50	1.54	1.66
AANet[198]	0.87	2.32	2.55
AANet-GR	0.69	1.89	2.06

9.4.5　基准测试

1.Scene Flow

为了验证 GRNet 的细节区域的匹配效果,本节将 GRNet 图像测试结果与目前高精度网络 ACVNet[194]、边缘保持网络 AANet[198]的测试结果进行定性对比。如图 9.5 所示,图 9.5(a)展示了测试图像全局效果对比,图 9.5(b)~(e)展示了全局视图中局部细节视图中细小叶片、自行车把手、像素级细小结构等具有挑战性的局部细节匹配效果。实验结果显示:ACVNet 在边缘区域误差较大,难以实现细节区域的匹配;AANet 可以实现一定的边缘保持效果,但在边缘区域精度误差较大,细节区域同样难以实现匹配;GRNet 则可以在细节区域达到完整的边缘保持效果,且细节区域视图清晰,实现像素级的匹配。

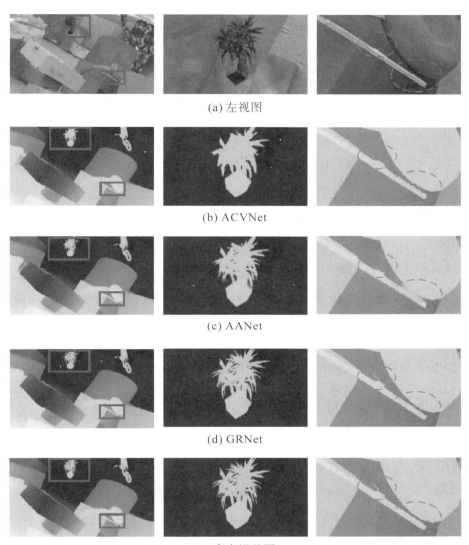

(a) 左视图

(b) ACVNet

(c) AANet

(d) GRNet

(e) 真实视差图

图 9.5 引导优化模块测试结果可视化对比

　　在定量对比上 GRNet 也可以达到先进的匹配精度。本节将 GRNet 在 Scene Flow 上的测试结果与近年来先进的立体匹配算法进行对比,见表9.5。实验数据显示:GRNet 在 Scene Flow 上的 EPE 误差为 0.48 像素,能够取得与 ACVNet 一致的精度;但由图 9.5 中定性对比可知,GRNet 在细节区域、边缘区域等具有挑战性区域的匹配效果远优于 ACVNet。此外,GRNet 在可学习参数上比 ACVNet 要少 1.54 M,证明了 GRNet 高效的学习能力。

表 9.5　GRNet 在 Scene Flow 上的匹配精度对比

方法	EPE(px)	Params(M)
PSMNet[195]	1.09	5.22
GwcNet[196]	0.76	6.91
GANet[182]	0.84	4.60
AANet[198]	0.87	3.81
ACVNet[194]	0.48	6.23
GRNet	0.48	4.69

本节通过定性及定量的实验对比分析,验证了 GRNet 可以实现高精度、高度边缘保持、细节区域清晰的立体匹配。

2.KITTI

为了验证 GRNet 在实际场景的匹配计算性能,我们将 GRNet 的测试结果提交至 KITTI 2012、KITTI 2015 标准数据集进行评测,表 9.6 展示了 GRNet 与目前先进立体匹配网络的定量对比数据。在 KITTI 2012 基准测试中,实验结果显示 GRNet 达到了先进的精度,其中在误差指标 n-noc($n=2,3,4,5$)中均实现了比高精度立体匹配网络 ACVNet 更好的结果。在 KITTI 2015 基准测试中,GRNet 测试结果达到了优于先进立体匹配算法 AcfNet[191]、CFNet[193] 的精度,但与 ACVNet 相比,GRNet 在各项数据上与之存在约 0.2% 的差距,主要原因是受 KITTI 数据集真实视差图的稀疏性影响,这里预训练网络在 KITTI 数据集上进行微调时会损失部分边缘保持效果,从而对精度产生影响。

表 9.6　基准测试结果

方法	KITTI 2012（%）						KITTI 2015（%）		Time（s）
	3-noc	3-all	4-noc	4-all	5-noc	5-all	D1-noc	D1-all	
GwcNet[196]	1.32	1.70	0.99	1.27	0.80	1.03	1.92	2.11	0.32
GaNet[182]	1.17	1.54	0.91	1.23	0.76	1.02	1.63	1.81	1.80
AcfNet[191]	1.17	1.54	0.92	1.21	0.77	1.01	1.72	1.89	0.48
AANet[198]	1.91	2.42	1.46	1.87	1.20	1.53	2.32	2.55	0.06
CFNet[193]	1.23	1.58	0.92	1.18	0.74	0.94	1.73	1.88	0.18
ACVNet[194]	1.13	1.47	0.86	1.12	0.71	0.91	1.52	1.65	0.20
GRNet	1.12	1.48	0.83	1.09	0.67	0.87	1.70	1.87	0.19

(a) 左视图

(b) ACVNet

(c) AANet

(d) GRNet

图 9.6 引导优化模块测试结果可视化对比

相较于其他立体匹配网络,GRNet 也保持了较高的边缘保持特性,图 9.6 展示了 GRNet 在 KITTI 测试数据集上的代表性的定性对比结果。实验结果表明:ACVNet 在细节区域的匹配中存在边缘肥大的问题,AANet 则难以实现细节区域的匹配,而 GRNet 不仅实现了细节区域的匹配,还最大限度的还原了细节区域的边缘,证明了 GRNet 在真实场景下的有效性。

9.5 小结

为了缓解立体匹配中局部细节区域高精度配准问题,本章基于引导可变形聚合提出引导优化模块,该结构根据不同的引导先验对代价体进行优化。基于引导优化模块,本章构建了基于引导优化的立体匹配网络 GRNet,该网络在引导优化代价聚合模块中先通过 3D 代价聚合提升整体精度,后采用两次级联 2D 引导优化代价聚合逐步优化局部细节区域。实验结果表明:GRNet 在稠密数据集 SceneFlow 的对比测试中展现出优于现有先进算法的边缘保持效果,在公开稀疏数据集 KITTI 2012、KITTI 2015 的对比测试中达到先进水准且展现出了优良的局部边缘细节探测能力。

第10章

基于 FPGA 的低比特低功耗
快速光场图像深度估计

10.1 引言

    高精度、快速计算的光学影像深度信息获取一直是计算机视觉领域的主要挑战之一。为处理该类问题，现有工作，如文献[175][177][67][206-208]，在 CPU 和 GPU 上探索快速高精度网络设计，以从复杂的光场影像中计算准确的深度信息。然而，随着自主无人系统的发展，系统续航能力受到研究者的广泛关注。为了更好服务于自主无人系统在深空、深海、深地等领域的进一步应用，研究者们基于 FPGAs、ASICs 等设备开始探索低功耗、高精度、快速的视觉计算技术，如文献[209-211]。这些方法在理论和关键技术上都取得了不错成果，但它们都是基于传统小孔成像进行反演计算，难以突破传统成像模型的局限。

    相较于上述方法，光场图像在空间域、视角、光谱以及时间域等多维度上具备耦合特性，为单一视角下高精度深度信息获取提供了先天优势。然而，在资源受限设备部署中，光场图像三维计算方面仍然面临严峻挑战。在高维计算方面，一些方法（如文献[208][212]）由于引入了 3D 卷积，增加了硬件设计的复杂度。而在资源受限方面，其他方法（如文献[213]和[214]）采用了复杂的网络结构并涉及大量的网络参数，这为硬件设计的可行性增加了难度。至于低功耗快速计算，现有的先进算法（如文献[208][212-213]）都需要大量的功耗来维持快速浮点数计算，这与硬件设计的初衷背道而驰。

    为了解决这个问题，本章提出了一个轻量级的深度估计网络 L3FNet，它采用了快速的二维卷积运算和一个低功耗的快速加速引擎。据现有文献报道可知，目前很少有技术专门用于低功耗、快速、高精度的 LF 成像 3D 计算。本章主要内容如下：

①提出了一个 L3FNet，它包含一个硬件友好的深度估计网络，其特点是权重参数小，计算成本低，网络结构简单。该网络通过视差划分前置、2D 网络结构优化、剪枝和量化实现。

②L3FNet 的加速引擎。它主要采用低计算量、高并行的卷积运算设计，各卷积单元之间采用流水线处理，以及基于网络各阶段加速特性的软硬件协同加速策略。

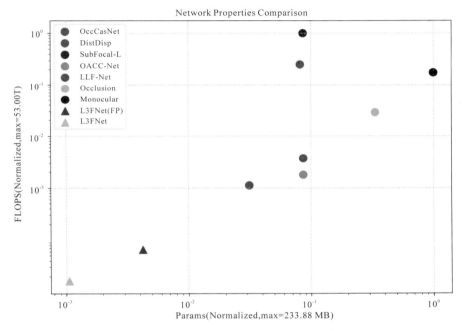

图 10.1　先进深度估计网络的参数和浮点运算数量对比

所有值都通过除以对应属性的最大值实现了归一化（最大浮点运算为 53 T，最大参数量为 233.88 MB）。本章的全精度网络 L3FNet（FP）和量化网络 L3FNet 展现了绝对的优势。

总而言之，与最先进的方法相比，L3FNet 能够将计算开销降低 80 倍以上，将权重参数数量减少约 60 倍。据现有文献报导可知，这是第一个尝试在资源受限的设备上应用低比特轻量级网络来估计 LF 深度信息的方法。

10.2 相关工作

本节分别介绍了光场深度估计、轻量化网络以及 FPGA CNN 加速器的相关工作。

10.2.1 光场深度估计

光场深度估计技术基于光场理论,其主要目的是通过分析光场图像来恢复场景的三维结构信息。在光场(light field,LF)中,经过某点 P 的光线可以通过其与相机平面 $\Omega=(u,v)$ 和图像平面 $\Pi=(h,w)$ 的交点唯一确定,因此 LF 可以根据映射函数 $L(u,v,h,w):\Omega\times\Pi\to\mathbf{R}$ 被表达为一个 4 维张量,其中 $L\in\mathbf{R}^{u\times v\times h\times w}$,$u$ 和 v 表示角度维度,h 和 w 表示空间维度。由于光场图像的单镜头多图片的丰富信息优势,倍受深度估计、三维重建等工作者的青睐。

Heber 等[215-216]提出了一种可以通过训练预测 EPI 线方向的 CNN 模型。Luo 等[217]介绍了一种基于 EPI 补丁的 CNN 架构。Zhou 等[206]介绍了一个规模和方向感知的 EPI-Patch 学习网络。Shin 等[207]将多流网络和融合网络相结合,实现了快速准确的深度估计。Shin 等[218]提出了一种多流网络和一系列数据增强技术来快速准确地估计 LF 深度。Tsai 等[219]介绍了一种基于注意力的视图选择网络,该网络自适应融合所有角度视图进行深度估计。Huang 等[220]提出了一种多视差尺度下的成本聚合方法来实现快速 LF 深度估计。Peng 等[221]提出了一种无监督的 LF 深度估计方法,可以在不使用 Ground-Truth 深度图的情况下进行训练。Chen 等[222]提出了一种基于注意力的多级融合网络,采用分支内和分支间融合策略,从不同角度对特征进行分层融合。Wang 等[208]扩展了空间-角度相互作用机制来解决解纠缠机制,采用空间特征提取器和角度特征提取器从不同视角提取像素。Chao 等[213]首次引入了亚像素成本体积的构造,并使用视差分布约束来学习亚像素的差异。Wang 等[223]介绍了一种基于扩张卷积的闭塞感知成本体积。

这些工作在 GPU 上已经取得了出色的效果,但尚未充分考虑资源受限设备的使用情况,需要进一步优化和改进。

10.2.2 网络轻量化技术

深度压缩是实现网络轻量化的关键策略,该方法通过减少模型参数的数量以减小模型体积。从全面的深度压缩方法到轻量级网络，如 ShuffleNet[224]、MobileNet[225] 和 EfficientNet[226]，在减小模型尺寸方面取得了重大进展。

模型量化是另一个关键策略，它不仅可以显著节省计算和存储资源，而且可以保留数据的核心特征。量化过程的数学表示为：

$$Q(x) = \Delta \times \left| \frac{x}{\Delta} \right| \tag{10.1}$$

其中，x 为输入值，Q 为量化函数，Δ 为量化间隔或步长。需要指出的是，低比特量化技术由于其卓越的硬件友好性深受研究人员青睐；Courbariaux 等[227]通过量化二进制权重大幅降低了模型大小和计算复杂度；Rastegari 等[228]提出 XNOR-Net，以增加放缩因子来提高 BNN 量化精度；Li 等[229]提出 TWN，以增加"0"值不增加计算复杂度的方式提高低比特网络的精度；Zhou 等[230]提出 DoReFa-Net，一种用低比特位权重和激活以及梯度进行训练的卷积神经网络方法，通过在反向传播过程中将参数梯度随机量化为低比特位数，实现对卷积层的高效训练和推断加速；Liu 等[231]提出 ReActNet，旨在实现精确的二值神经网络，同时引入广义激活函数提升模型性能；Zhang 等[232]提出引入分数激活函数，以及引入小数部分来提高模型的表达能力的 FracBNN。

这些工作为大规模网络架构的硬件部署奠定了坚实的理论基础，为其在资源受限环境下的实际应用提供了重要支撑。

10.2.3　FPGA CNN 加速技术

在资源受限的设备上成功部署大型网络后，工作转向了提高硬件性能，从而产生了一系列优化策略。Lu 等[215][234]，Shi 等[235]先后通过结合 Winogard[235]思想设计出高效的 CNN 加速器。Lu 等[236]继续结合元素-矩阵相乘的数据流、有效的片上资源布局等方法，实现了高效的稀疏 CNN 加速器。Meng 等[237]设计了一款支持高稀疏低精度任务的完全片上 CNN 加速器。Xilinx 公司的 Finn[238] 和 Finn-R[239]将批归一化操作和激活操作转化为阈值操并结合流式架构和矩阵向量相乘的方法，大大减少了卷积所需的计算量。

然后，CNN 加速器技术被大量应用于深度估计任务。Mohammad 等[240]以及 Puglia 等[241]专注于集成 CNN 的双目立体匹配算法，并致力于在 FPGA 上实现加速。Hashimoto 等[242]通过高效的软硬件协同设计，成功提高了深度视频的多视点立体匹配效率。Chen 等[243]提出了一种基于二进制神经网络（binary neural network，BNN)的双目立体匹配加速器 StereoEngine,并在文献[209]中将全局匹配方法转化为半全局匹配,从而获得了更高的性能。此外,他们还提出了适合较少资源消耗的 Lite-Stereo[211],进一步推进了深度估计领域的硬件加速。

然而,通过深入调查发现,目前针对低频深度估计的低功耗和快速硬件设计的工作很少。本书中的工作是第一个尝试应用低比特轻量级网络来估计资源受限设备上的 LF 深度信息的方法。

10.3 低比特低功耗快速光场深度估计

本节先介绍了低比特轻量化网络,然后再探索它如何在资源受限设备上实现低功耗。

10.3.1 低比特轻量化光场深度估计网络

图 10.2 中展示了 L3FNet 的深度估计网络及数据流架构,它被划分为图片预处理、特征提取、代价构建、代价聚合和视差回归五个主要部分,并根据各个阶段的硬件设计难度将它们划分为 PL 端和 PS 端,并且在 PL 的每个卷积块间做了流水线处理。

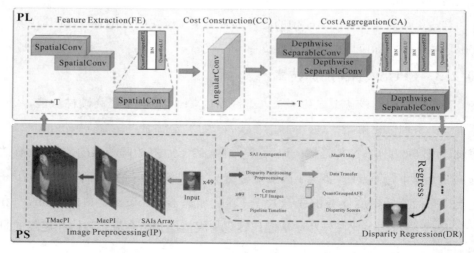

图 10.2　低比特轻量化光场深度估计网络及数据流架构

传统的 3D 卷积网络架构具有庞大的网络结构和参数、复杂的网络设计以及冗余的全精度表示,使其在资源受限的设备上部署具有挑战性。近年来,低比特轻量级处理已成为部署复杂网络硬件的必由之路。现有工作表明,网络经过低比特轻量化处理后仍能保持较高的精度。基于这个现象,本节尝试采用"视差划分前置""2D 网络架构设计"以及"网络架构裁剪及量化"等方法构建 L3FNet,即一个高精度、低比特、轻量、仅 2D 卷积且硬件友好的低频深度估计网络。

1.视差划分前置

在图像处理阶段,为了更全面地提取角度信息,本节采用了类似于文献[208]中宏像素图像(marco-pixel image,MacPI)处理方法。但是,如果在图像预处理阶段仅对 SAI 阵列进行宏像素处理,则存在一定的缺陷。首先,MacPI 处理方法默认视差为"0",这意味着在特征提取阶段不能完全舍弃每个视差下的无用像素点,从而导致代价构建阶段的输入掺杂错误信息并影响网络精度。其次,由于特征提取阶段未进行不同视差的结果划分,代价构建阶段必须增加额外的操作,从而导致网络架构丧失连贯性并增加硬件部署难度。

为了解决上述问题,本节提出了"视差划分前置"操作,即将视差划分操作移至 MacPI 之后,旨在从 MacPI 中提取不同视差的正确像素,从而获得每个视差下的准确宏像素图像(accurate marco-pixel image,AMacPI),如图 10.2 的图像处理部分所示。为了确保准确提取每个视差下的像素,本节采用了一种滑动窗口的方法对 MacPI 进行处理。具体来说,为不同视差值在 MacPI 上应用了具有不同扩张率和填充值的窗口,以实现从每个 SAI 中提取与中心 SAI 的每个像素点对应的相同真实位置的像素点。需要注意的是,如果某些 SAI 中没有对应的像素点,采用补"0"的策略来处理。在给定视差值 d 和角分辨率(角块大小)A 时,具体 $dila$ 和 pad 的计算遵循文献[208]中的方法,见式(10.2)和式(10.3)。

$$dila = \begin{cases} d \cdot A - 1, d > 0 \\ -d \cdot A + 1, d \leqslant 0 \end{cases} \tag{10.2}$$

$$pad = \begin{cases} d \cdot \dfrac{(A-1)}{2} - A + 1, d > 0 \\ -d \cdot \dfrac{A(A-1)}{2}, d \leqslant 0 \end{cases} \tag{10.3}$$

2. 2D 网络架构优化

3D 卷积可以更好地捕获时空信息,有效提高 LF 深度估计的精度。但与 2D 卷积相比,3D 卷积涉及的参数更多,操作更复杂,对比结果如图 10.3 所示。值得注意的是,由于有限的 DSPs 和 LUTs,FPGA 对 3D 卷积的加速性能受到一定限制。此外,存储资源的限制也使得在硬件上实现 3D 卷积变得极具挑战性。为了提高硬件设计的可行性并确保实时性,本节选择采用 2D 卷积来完成所有相关工作。

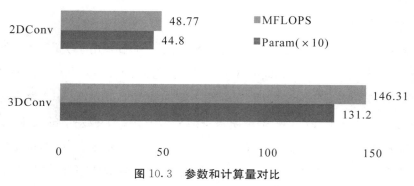

图 10.3　参数和计算量对比

为了使用 2D 卷积完成整个深度估计任务,本节将图像处理阶段得到的所有 AMacPI 在通道维度上拼接,以获得总的宏像素图像(total marco-pirel imalge, TMacPI)。然而,通道融合的设计可能导致不同视差的信息不能完全分开,从而对网络精度产生影响。为了有效分离不同视差的信息,笔者提出对文献[208]中的空间特征提取(SFE)和角度信息提取(AFE)方法应用分组变形。具体来说,在图像处理阶段对 TMacPI 进行分组的 SFE 处理以获得每个视差下的多通道 AMacPI;在代价构建阶段,对所有多通道 AMacPI 的所有角块进行分组的 AFE 操作,为每个视差下的生成高质量多通道代价体。此外,为了进一步减少参数量并降低硬件部署的难度,笔者提出在代价聚合阶段使用 2D 深度可分离卷积。具体来说,先对获得的代价体做深度卷积以精炼每一个通道,再做逐点卷积以融合所有通道的信息,见图 10.2 中的 CA 部分。其中输入通道为 3,输出通道为 16,滤波器大小为 3。2D 卷积的输入数据维度为(1,3,336,336),而 3D 卷积的输入数据维度为(1,3,1,336,336)。

　　3.裁剪及量化

　　为实现 LF 深度估计网络的硬件部署,对网络进行裁剪和量化也是十分必要的。本节的裁剪方法主要包括减少网络的层数和通道数,并针对不同阶段施加不同的裁剪力度。具体而言,在 FE 阶段,由于需要对每个视差做通道扩充,因此必须采取较大的裁剪力度以缓解参数数量的激增。在 CC 阶段,由于只包含一层卷积操作且需要融合角块信息,保留了每个视差下较多的通道数以保持角块信息的精确性。在 CA 阶段,由于需要使用深度可分离卷积精炼每个视差下的视差图,保留较多的通道数并对层数采取更大的裁剪力度以避免参数激增。此外,为了有效控制数据量的急剧增加,同时确保轻量化网络的性能,笔者选择仅使用 81 张光场图像中的 49 张,通过 $(7 \times patch, 7 \times patch)$ 的输入和 9 个视差获取准确深度图。

为了进一步满足实时性要求,继续对网络应用量化操作。同时,为了缓解数据信息丢失,设置 FE 的第一层权重为高比特量化(8bit)。此外,为了实现网络精度和轻量化之间的平衡,笔者提出对 FE、CC 和 CA 的激活和权重采用不同比特的量化。具体而言,在 FE 阶段,由于涉及多层卷积操作,且输入为具有大量冗余信息的 AMacPI,因此选择较低的 4bit 权重和激活去量化网络。在 CC 和 CA 阶段,需要更准确地操作获得和细化信息,但考虑到对于实行性能的追求,笔者只将最后一个深度可分离单元设置为高比特权重量化(8bit),而激活以及其他层的权重依然使用 4bit 量化。此外,在实验阶段严格论证了笔者选择的合理性,并验证了其有效性。

10.3.2 低比特低功耗光场图像深度估计加速引擎

为了实现 L3FNet 的快速低功耗硬件部署,本节进行了高效的硬件数据流架构设计,卷积单元低计算量高并行设计,并优化了卷积层以更好地适应实际设计和应用需求。

1.硬件数据流架构

为了成功将网络部署到硬件设备上,笔者设计了一个高效的软硬件协同设计流式网络架构,该架构基于芯片上的资源和网络实时需求之间的平衡,如图 10.2所示。具体来说,笔者将 L3FNet 分为 PL 端(可编程逻辑,位于 FPGA 芯片上)和 PS 端(处理系统,位于 ARM 芯片上)操作。

针对 FE、CC 和 CA 阶段,由于仅包含常规卷积(可通过矩阵乘法和移位操作实现)等硬件友好的操作,更适合在灵活性高且功耗较低的 PL 端进行加速处理。而对于 IP 和 DR 阶段,涉及较为复杂的循环、切片等操作,其在 PL 端的实现复杂度较高,因此更适合在处理能力更强的 PS 端进行处理。同时为了追求 PL 端的实时性设计,对每一个卷积单元单独设计硬件结构,从而形成流水线的硬件结构,如图 10.4 所示。此外,为了进一步优化硬件网络架构,对参数的存储进行了设计,选择将网络中的权重和中间激活值存储在片上(内存或寄存器中)。

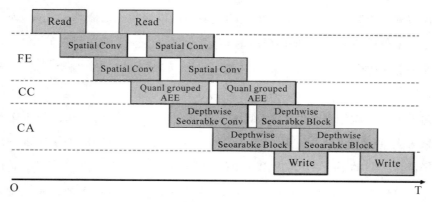

图 10.4 PL 端数据流水线处理

图中假设了 FE 和 CA 只有两层,"Read"和"Write"分别代表从 IP 阶段中读取数据和向 DR 阶段写入数据。

2.卷积单元硬件设计

在硬件设计中,本节将卷积层、批归一化(batch normalication,BN)层和激活层统称为卷积单元(convolution unit,ConvU)。传统的卷积运算包括窗口滑动和矩阵乘法;BN 层涉及复杂的基本算术运算,而激活层主要由数值比较运算组成。因此,笔者将其分为两个部分:数据处理和计算。为了提高并行性和减少计算部分的乘法运算,笔者分别使用矩阵向量单元(matrix vector unit,MVU)和滑动窗口单元(sliding window unit,SWU)[239]作为计算单元和数据处理单元来构建硬件 ConvU(图 10.5)。这些单元经过自适应调整和优化,可以在硬件加速卷积过程中有效地执行窗口滑动和矩阵乘法运算。输入数据经过 SWU lowered 后得到矩阵数据流并馈送至 MVU 中通过 PE 单元做计算处理,最后输出 ConvU 的最终结果并用于下一层使用。

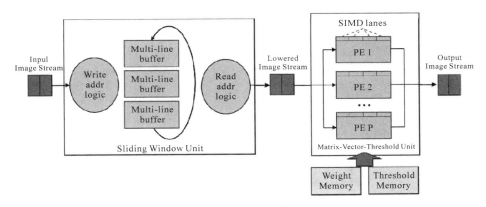

图 10.5 ConvU 硬件设计

3.向量-向量阈值单元

MVU 的整体结构如图 10.5 所示。它从 SWU 中获取输入特征的矩阵数据流,并从 Weight Memory 和 Threshold Memory 中分别获取权重和预置阈值,然后在一组(process element,PE)中进行计算。每个 PE 都拥有多个单指令多数据流(single instruction multiple data,SIMD)通道,并且 PE 和 SIMD 通道的数量可根据需要进行配置,以控制吞吐量。在 PE 中实现了 ConvU 的所有计算操作。对于卷积操作,直接使用常规的硬件乘法设计来实现。对于 BN 层和激活函数层,可以通过预计算将它们转化为阈值比较操作,以显著减少计算需求。

如图 10.6 所示,PE 执行 Q 个并行的 A 位输入和 W 位权重的乘法操作,其中 Q 对应于 PE 中的 SIMD 值。接着,通过加法树将这 Q 个并行乘积结果相加,得到中间累加值。随后,对于每一列的权重,将所有中间累加值累积,以计算当前列输入和对应列权重的点积。最后,通过阈值比较将点积结果转化为最终 ConvU 的输出值。

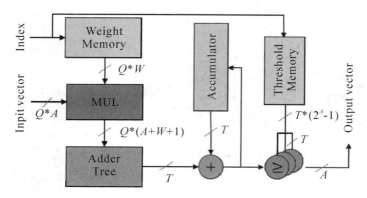

线段上的标注表示每个阶段的位宽。

图 10.6　Process Element

具体而言,假设 a_{k-1} 表示这一层的输入,w_k 对应表示权重,a_k 表示神经元 k 的输出,a_{kbn} 表示 BN 层的输出。批归一化的参数为 $\theta_k = (\gamma_k, \mu_k, \sigma_k^2, \beta_k)$,$\gamma_k, \mu_k$, σ_k^2, β_k 分别表示缩放、均值、方差和偏移。使用 ReLU 作为激活函数,a_{km} 表示激活后的输出。因此,PE 的操作可表示为:

$$\text{Conv:}\, a_k = a_{k-1} \odot w_k$$

$$\text{BN:}\, a_{kbn} = \text{BN}(a_k, \theta_k) = \frac{a_k - \mu_k}{\sqrt{\sigma_k^2 + \varepsilon}} \cdot \gamma_k + \beta_k$$

$$\text{EeLU:}\, a_{km} = \max(0, a_{kbn}) \tag{10.4}$$

$$\text{ConvU:}\, a_{km} = \max\{0, \text{BN}[(a_{k-1} \odot w_k), \theta_k]\}$$

其中,$\odot$ 表示乘法或阈值比较操作(使用 DSP 作为运算单元时为乘法操作,使用 LUT 时为阈值比较操作),ε 是用于修正 BN 操作结果的小正数。通过对 $\text{BN}(a_k, \theta_k)$ 的观察,发现在 BN 操作中存在许多可以通过预计算来节省的操作。因此,使用式(10.3)将 BN 操作转化为普通的仿射变换:

$$A = \frac{\gamma_k}{\sqrt{\sigma_k^2 + \varepsilon}}$$

$$B = \beta_k - (A \cdot \mu_k) \tag{10.5}$$

$$\text{BN}(a_k, \theta_k) = A \cdot a_k + B$$

为了更高效地将复杂的 BN 操作部署到硬件上,笔者尝试使用阈值比较操作来替代转化为仿射变换的 BN 操作。由于 BN 已被转化为简单的乘法和加法操作,结合 ReLU 函数的特性,可以通过令 $A \cdot a_k + B = 0$,从而推得阈值 $\tau = -B/$

A。接着，就可以将 BN 和激活操作替代为对神经元输出 a_k 进行阈值比较操作，从而计算出整个卷积操作（卷积、批归一化、激活）的结果 a_{km}。考虑到后续需要进行定点量化操作，对于 B 位的定点量化只有 2^B 种情况。因此，可以将 a_k 与 2^B-1 个阈值进行比较，从中选择一个满足条件的作为 B 位输出的具体数值。在硬件设计中最高使用了 4bit 量化，因此最多只需在 τ 的基础上设置其他与 15 种数值对应的 14 个阈值即可。

4.窗口滑动单元 SWU

SWU 的整体结构（交错特征）如图 10.7 所示。它使用循环 linebuffer 结构将输入的特征图分解成图像矩阵，以使卷积操作降转化为矩阵乘法，然后将生成的矩阵通过数据流形式馈送给 MVU。为了更好地满足 MVU 的 SIMD 并行性要求，最大限度地减少缓冲需求，需要采取如图 10.7 所示的优化措施。通过这种变换，可以有效解决获取输入特征图像素的点积运算对滑动窗口位置的所有输入特征图像的需求。

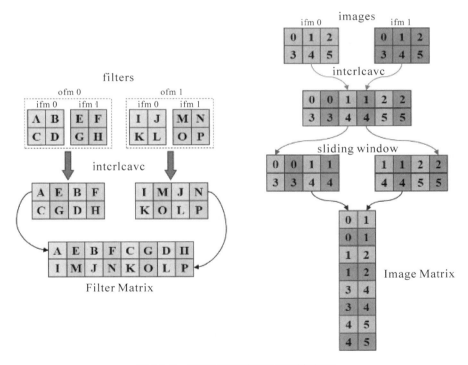

图 10.7 SWU 的整体结构（交错特征）

5.优化卷积层设计

在设计 L3FNet 时，使用了分组卷积和深度可分离卷积。因此，在硬件设计阶段需要仔细考虑如何有效实现这些卷积操作，以满足性能和效率的需求。这包括标准卷积、分组卷积和深度卷积的硬件设计。

首先，对于标准卷积的硬件设计，直接组合高效的 MVU 和 SWU 便可实现。如图 10.5 所示，输入图像被馈送到 SWU，其中 Linebuffer 结构巧妙地缓存每个窗口的数据，然后通过内部 PE 依次馈送到 MVU 进行处理，从而获得最终输出。其次，对于分组卷积，需要对输入特征进行分组，并且每个组对应不同的滤波器。这涉及复杂的循环和切片操作。然而，考虑到 FE 和 CC 阶段只使用具有较少层数和通道的分组卷积，笔者提出了一种逆分组算法，以在硬件结构中使用普通卷积来代替分组卷积，具体见图 10.8。最后，对于深度卷积操作，笔者参考了 Finn-R[239] 中关于深度卷积的方法，即基于 MVU 设计了一个矢量-矢量激活单元（VVU）。具体来说，由于输入特征窗与滤波器权值一一对应，深度卷积可以看作是两个向量的点积。因此，VVAU 的设计是在 MVU 的基础上将输入变换成两个向量，然后将这两个向量的点积作为窗口内卷积操作的输出结果。

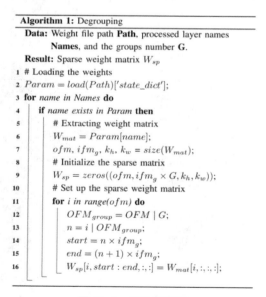

图 10.8　逆分组算法

6.硬件参数设置

首先，为提高硬件并行性，配置每个硬件计算单元（MVU 和 VVU）的 PE、

SIMD 值和运算单元。其次,考虑到 LUT 速度快、功耗低,适用于低比特矩阵乘法处理;而 DSP 速度较慢、功耗较高,适合高比特矩阵乘法,首选 LUT 作为运算单元,并在硬件布线可行的情况下充分利用 DSP。同时,考虑片上 DSP 和 LUT 数量限制、布线限制以及每个阶段的输入和输出通道数的不同,需要为每个计算单元的 PE 和 SIMD 进行精确设置,详见表 10.1。

表 10.1 PE 和 SIMD 的参数设置

Name	Unit	FE	CC	CA
PE	MVU	$(21,21,21,21,21,21,21)$	(36)	$(9,9,9,9,9,9)$
	VVU	—	—	$(9,18,9,18,9,18)$
SIMD	MVU	$(9,21,21,21,21,21,21)$	(21)	$(18,18,18,18,18,18)$
	VVU	—	—	$(9,18,9,18,9,18)$
Mode	MVU	LUT	LUT	DSP
	VVU	—	—	DSP

注:$(a,b,\cdots)$ 表示每一个 MVU 或 VVU 的 PE 或 SIMD 的值。只有 CC 阶段包含使用 VVU 的深度可分离操作。

最后,为了减少硬件设计的时间消耗,在存储权重和激活时优先使用 RAM 资源中读写速度更快的 BARM 和 LUTRAM。考虑到每个硬件单元的运行最小的时钟需求和 ZCU104 平台支持的最大频率,为了尽可能较少运行时间,这里设置时钟为 5 ns 左右。

10.4 实验

在本节中,将详细描述 L3FNet 的训练设置和硬件配置,展示它们的性能参数,并将它们与目前先进的研究工作进行比较。此外,为了推断本实验设计的合理性,对网络架构设计以及修剪和量化使用进行了消融实验。

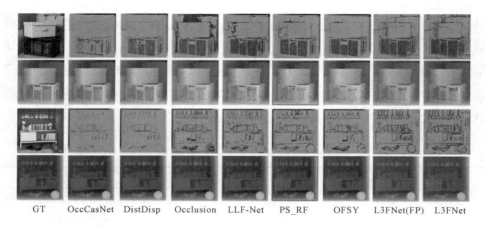

GT　OccCasNet　DistDisp　Occlusion　LLF-Net　PS_RF　OFSY　L3FNet(FP)　L3FNet

图10.9　视觉比较

图中在 Stratified 的四个场景下对比了真实值（GT），Occasion[212]，DistDisp[208]，Occlusion[214]，LLF-Net[244]，PS RF[245]，OFSY[246]与本节的 L3FNet（FP）和 L3FNet 的视差图和 BadPix 图。在底部一行，呈现了估计的视差图，而在顶部一行，展示了相应的 BadPix0.07 图，其中绝对误差大于 0.07 的像素以深色标记。

10.4.1　L3FNet 网络和硬件配置

在实验中，笔者选择了 4D LFs Benchmark 作为本节的实验数据。此基准中的所有 lf 都具有角分辨率 $9 \times 9°$ 和空间分辨率 512×512 PPI。本节只取了角分辨率 $9 \times 9°$ 视图中心的 $7 \times 7°$ 部分用于深度估计。笔者遵循文献[96][177][179][189]中的方法，使用"Additional"类别中的 16 个场景进行训练，使用"Stratified"和"Training"类别中的 8 个场景进行验证。在训练阶段，随机将 SAIs 裁剪成大小为 48×48 的块，并将它们转换为灰度图像。本节进行了大量的数据增强，包括随机翻转和旋转、亮度和对比度调整等。L3FNet 以有监督的方式进行训练，损失为 L_1，并使用 $\beta_1 = 0.9$ 和 $\beta_2 = 0.999$ 的 Adam 方法[249]进行优化，批次大小设置为 4，学习率设置为 7×10^{-4}，训练在迭代 3000 次后停止。这里的模型是在 PyTorch 中实现的，并在实验室的 V100 平台上完成。在 Xilinx ZCU104 平台上评估了硬件设计的性能，其基于 Xilinx Zynq UltraScale+ MPSoC 器件（ZU7EV），拥有强大的可编程逻辑资源，包括 504k 个逻辑单元、1728 个 DSP 切片和大量 RAM，适用于各种高度定制的 FPGA 加速器需求。

10.4.2　性能分析

为了全面评估网络及硬件设计性能,首先对 L3FNet 的模型性能进行了分析,然后在 ZCU104 平台上对其硬件性能进行了分析,结果对比见表 10.2。

表 10.2　结果对比

BET/Result	MSE	Params	FLOPs
OccCasNet[212]	1.181	19.16MB	13.2T
DistDisp[208]	1.415	20.06MB	1993.66G
SubFocal-L[213]	1.154	20.24MB	53.0T
OACC-Net[223]	1.236	20.08MB	95.14G
LLF-Net[244]	3.347	7.28MB	59.20G
Occlusion[214]	3.665	77.84MB	1.51T
Monocular[247]	4.131	233.88MB	9.17G
L3FNet(FP)	2.65	0.98MB	3.47G
L3FNet	2.75	0.13MB	<0.44G

注:简单地将定点乘法以浮点运算方式进行评估。鉴于量化为 4 比特,而全精度为 32 比特,通过将 L3FNet(FP32)的数据除以 8 来估算 L3FNet 的实际数据。

1.轻量化网络性能分析

首先将 L3FNet 与追求精度的先进工作[212-214][247]、追求低参数和低计算量的先进工作[208][223-244] 在 "Stratified" 和 "Training" 的 8 个场景下的平均 MSE、网络总参数数量、总浮点运算数量等方面做了对比。由表 10.2 可知,虽然本节的全精度和量化网络的平均 MSE 略低于一些先进的研究工作,但参数和浮点运算的数量明显少于这些研究工作。甚至 L3FNet 比 MSE 较差的文献[244]中的轻量化网络还要小 56 倍的参数和 134 倍的计算量。这充分说明了本节轻量化设计的成功性,为硬件设计提供了良好的网络架构。

其次,为了直观比较实验结果,将网络的视差图和 BadPix 图与有监督(文献[208][212][244])、无监督(文献[214])和传统方法(文献[244][246])的最新研究工作对比。由图 10.7 可知,本节的 L3FNet(FP)体现出了不逊于文献[214][244-246]的效果,而且尽管量化操作会带来视差值的不准确并导致误差点变多,但 L3FNet 依然可以表现出大规模的准确视差预测。这进一步体现本节的轻量化网络的高精度性。

最后,为了评估 L3FNet(FP)在 FE、CC、CA 阶段的参数大小和运行时间,将其与包含这三个阶段、参数和浮点运算较少、精度较高的文献[208]在 NVIDIA 2060 Super GPU 下做对比(表 10.3)。由表 10.3 可知,L3FNet(FP)在每个阶段有更少的参数和计算量消耗,并且完成 3 个阶段只需消耗 0.03 s 和 0.3 MB,远远小于文献[208]的。这证明了本节的轻量化设计在这三个阶段都有实质性的体现,为后续加速这三个阶段提供硬件友好架构支持。

表 10.3　不同阶段下的参数量和运行时间对比

Stage/Net	DistDISP[208]	L3FNet(FP)
FE	0.18 MB/0.014 s	0.10 MB/0.009 s
CC	0.50 MB/0.004 s	0.20 MB/0.001 s
CA	19.38 MB/0.039 s	0.68 MB/0.002 s
Total	20.06 MB/0.056 s	0.98 MB/0.0011 s

注:这里将 DistDisp[208]的输入也设置为角分辨率为 7×7 度的 512×512 像素的光场图像。表中 x/y 分别代表参数量和运行时间。

2.加速引擎性能分析

首先,在 ZCU104 平台上,对 L3FNet 的 FE、CC、CA 阶段消耗的 FF、DSP、LUT、BRAM 等硬件资源进行了全面分析,研究了总资源数量、消耗数量及消耗率等(表 10.4)。由表 10.4 可知,笔者以较低的资源消耗实现了 L3FNet 的硬件部署(LUTRAM、URAM 等只处于一个较低的消耗),说明了本节轻量化设计和自定义数据流架构的合理性。而且表 10.4 展示了对 DSP 和 LUT 的高效利用(均超 80% 的利用率),说明了 PE 和 SIMD 设计的高效性。

表 10.4　FE、CC、CA 阶段的硬件资源消耗

Resource	Utilization	Available	Utilization(%)
LUT	220380	230400	95.65
LUTRAM	59549	101760	58.52
Flip-Flop	223763	460800	48.56
BRAM	252.5	312	80.93
URAM	9	96	9.38
DSP	1394	1728	80.67

然后,笔者分别在 NVIDIA 2060 Super GPU、Inter i5-9600k CPU 和 ZCU104 平台下将本节的轻量化网络和文献[208]的能耗和运行时间做了对比(表 10.5)。由表 10.5 可知,L3FNet(FP)在 CPU 和 GPU 上表现出极大的运行速度优势(CPU 上降低了超过 2 倍的时间,GPU 上降低了 5 倍的时间),这证明了本节轻量化设计的有效性,并且 L3FNet 成功在 ZCU104 平台上以较低的功耗完成了部署(维持网络在 ZCU104 工作的所有功耗只需要 9.493 W),并以可观的速度运行(运行时间低至 0.272 ms),这再一次证明了本节轻量化网络设计以及硬件架构设计可以在资源受限的 ZCU104 平台上部署快速、低功耗的 LF 深度估计网络。

表 10.5 不同平台硬件性能比较

Net	Plat	Freq	Power	RunT
DistDisp[208]	CPU	3.70 GHz	—	0.819 s
	GPU	1.65 GHz	40 W	0.055 s
L3FNet(FP)	CPU	3.70 GHz	—	0.329 s
	GPU	1.65 GHz	40 W	0.011 s
L3FNet	ZCU104	187.52 MHz	9.493 W	0.272m s

注:功耗表示维持平台正常工作和运行网络的功耗总和,由于 CPU 需要维持多种任务正常工作,因此不参与功率比较。

10.4.3 消融实验

本小节主要通过消融实验来验证笔者轻量化设计的有效性。首先探讨了使用视差划分前置操作(DPP)、2D 网络架构设计以及选择 7×7 LF 图像作为输入的必要性;接着,分析了裁剪和量化对网络硬件性能的提升。

1.必要性分析

将 L3FNet(FP)与几个变体模型进行了比较。其中包括 Net(DPP),其视差划分被移回 CC 阶段,Net(3D)利用 3D 卷积,Net(9×9)采用 9×9 LF 图像作为输入。考虑的评估指标是 MSE、参数和浮点操作。

将 Net(DPP)的 FE 通道数设置为与 L3FNet 的 FE 每个视差的通道数相同,以确保两个网络在 FE 阶段具有相同的信息获取能力。由于 Net(DDP)不包含 DPP 操作,它只需在 FE 阶段执行一个视差的普通卷积操作,因此可以带来少量的参数和计算量减少。然而,这也导致了较大的精度损失(接近 0.5 的增幅),见表 10.6。而且,视差划分操作后置会增加网络内部复杂操作,导致网络结构失去连贯性,从而增加硬件部署的难度。

表 10.6　策略必要性分析

Net/Pref	MSE	Params	FLOPs	RunT
Net(DPP)	3.10	0.89 MB	1.75 G	0.027 s
Net(3D)	2.01	0.96 MB	7.95 G	0.039 s
Net(9×9)	2.81	1.11 MB	5.47 G	0.041 s
L^3FNet(FP)	2.68	0.98 MB	3.47 G	0.031 s

注:RunT 表示网络的总体运行时间。

为了体现策略必要性分析的客观性,表 10.6 在 Net(3D)的 FE 和 CC 阶段通过设置深度维度的核大小为 1 的方式来实现 2D 卷积向 3D 卷积的转化。由表 10.6 可知,尽管这样的设计可以避免参数的增加,并带来一定的精度提升(MSE 下降约 0.5),但仍然会导致大量浮点运算数量的增加(增加了两倍以上),而且高维计算的引入还会大幅增加硬件部署难度。

虽然 Net(9×9)输入了更为丰富的图像信息,但对于小型网络结构,并不具备丰富信息的有效获取能力,甚至在多方面性能都有较大幅度的下降(MSE 上升 0.3 左右,参数上涨 0.2 MB 左右,浮点运算数量上升 2 G,运行时间上涨 0.01 s),详见表 10.6。尽管 L3FNet(FP)不具有显著的优势,但它能在维持一定高精度下以较低参数量、较低浮点运算数量以及简单网络结构(只包含 2D 卷积)实现光场深度估计任务。

综上所述,在 LF 深度估计硬件设计任务中,DPP、2D 网络架构设计以及 7×7 LF 图像输入的选择是平衡硬件友好的轻量级模型和网络精度的必要操作。

表 10.7 网络剪枝和量化带来的性能提升

Pref/Net	Net(¬p)	Net(8bit)	Net(p)	Net(w8bit)	Net(w2bit)	L3FNet
AvgMSE	2.77	2.70	11.90	2.74	6.47	2.75
Params	0.26 MB	0.25 MB	0.07 M	0.23 M	0.12 M	0.13 M
LUT(%)	132.85	449.45	88.70	93.16	88.16	95.65
LUTRAM(%)	—	—	36.15	79.92	52.29	58.52
Flip-Flop(%)	67.63	178.04	43.19	50.05	47.97	48.56
BRAM(%)	169.39	150.16	55.61	86.70	80.93	80.93
URAM(%)	78	90.63	3.13	79.17	9.38	9.38
DSP(%)	63.83	59.66	86.57	67.48	80.67	80.67
Power(W)	—	—	8.982	12.124	9.022	9.493
RunT(ms)	—	—	0.271	0.924	0.269	0.272

2.性能提升分析

将 L3FNet 与几个修改过的模型进行了比较,基于 MSE、参数、硬件资源消耗和硬件性能对它们进行了评估。这些模型包括 Net(¬p),其通道和层数略有扩展,Net(p)显著压缩通道和层数,Net(w2bit)在 FE 阶段使用 2 位权重量化,Net(w8bit)在 CC 和 CA 阶段使用 8 位权重量化,Net(8bit)在每个阶段的权重和激活都使用 8 位量化。

在处理高参数量和高计算量的 Net(¬p)和 Net(8bit)的硬件实现时,必须采取较低的并行度设置(即低的 PE 和 SIMD 值)。然而,尽管已经进行了这样的操作,Net(¬p)和 Net(8bit)的资源消耗依然超出了 ZCU104 平台上的可用资源数量(如 LUT、BRAM 等资源利用率超过 100%)。与 L3FNet 相比,它们的精度并没有带来明显的提升,详见表 10.7。然而,L3FNet 在只损失较小精度的情况下,可以顺利地在资源有限的 ZCU104 平台上实现硬件部署。这充分说明了本节的轻量化网络和裁剪手段是在资源较少的硬件设备上部署深度估计网络的必要操作。

尽管 Net(p)的微型网络架构确实可以带来更低的参数量和计算量,从而以更低的资源消耗、功耗(降低 0.5 W 左右)和更快的速度(运行时间下降 1 ns 左右)实现硬件部署,但这种架构也导致了包含丰富信息的光场深度估计任务的精度显著下降(增加超过 9.0 的 MSE),详见表 10.7。这鲜明地揭示了合理裁剪的必要性对深度估计任务精度的影响,以及本节选取的裁剪力度的高效性。

由表 10.6 可知,Net(w8bit)的高位量化确实可以带来一定的精度提升(MSE 降低 0.1 左右),但与此同时,为了实现高位网络的部署,需要使用更多的存储资源(如 LUTRAM、BRAM、URAM 等的消耗),从而带来更多的硬件布线需求,即只能设计较小并行度的硬件架构,这严重影响了运行速度(运行时间增加了 10 ns 左右)并且大幅增加了运行功耗(提升了将近 3 W)。Net(w2bit)的 2 位量化可以带来更出色的硬件友好性,从而降低功耗(下降 0.4 W)和提升运行速度(下降 2 ns 左右)。然而,2 位的信息缺失严重影响了深度估计网络的精度(将近增加 3.0 的 MSE)。L3FNet 在只损失了一点精度(低至 0.1 的 MSE 增长)的情况下,就实现了快速(0.272 ms)、低功耗(9.493 W)的 LF 深度估计网络部署。这充分说明了本节量化组合的选择是合理且高效的。

综上所述,对比实验说明了裁剪和量化对于光场深度估计网络硬件部署的必要性。并且通过更细致的性能对比,进一步验证了本节裁剪力度和量化方式的选择影响权衡网络精度和硬件性能的高效性。

10.5　小总

本章聚焦于解决光场深度估计网络的复杂性问题以及硬件实现挑战。笔者提出了一种创新性的低比特轻量化光场深度估计网络——L3FNet。在 MacPI 基础上,通过结合前置视差信息提取操作、通道和视差维度融合以及分组卷积等关键改进,构建出一个只使用 2D 卷积的较高精度的轻量化的硬件友好的深度估计网络。同时,进一步设计了低功耗快速的硬件加速引擎,通过融合 MVU 和 SWU 的设计,采用流式硬件架构以及软硬件协同的方法,设计出资源利用合理的快速低功耗的深度估计硬件加速引擎。作为构建硬件友好的轻量化光场深度估计网络和快速低功耗的硬件加速引擎的创新性工作,本章为未来相关研究提供了一定的启发。

参考文献

[1]徐进军，张民伟.地面3维激光扫描仪：现状与发展[J].测绘通报，2007(1):47－50,70.

[2]Axelsson P.Processing of laser scanner data-algorithms and applications[J].Isprs Journal of Photogrammetry and Remote Sensing，1999，54(2－3):138－147.

[3]张广军，王红，赵慧洁，等.结构光三维视觉系统研究[J].航空学报，1999，20(4):78－80.

[4]Shotton J，Fitzgibbon A，Cook M，et al.Real-time human pose recognition in parts from single depth images［C］.Colorado：Conference on Computer Vision and Pattern Recognition,2011.

[5]陈海波.高分辨率双目视觉三维重建技术研究[D].杭州：浙江大学,2013.

[6]Horn B K P，Brooks M J.The variational approach to shape from shading[J].Computer Vision Graphics and Image Processing，1986，33(2):174－208.

[7]Horn B K P.Shape from shading：A method for obtaining the shape of a smooth opaque object from one view[D].Cambridge：Massachusetts Institute of Technology，1970.

[8]Hartley R，Zisserman A.Multiple view geometry in computer vision［M］.Cambridge：Cambridge University Press，2004.

[9]Seitz S M，Curless B，Diebel J，et al.A comparison and evaluation of multi-view stereo reconstruction algorithms[C].New York：IEEE Computer Society Conference on Computer Vision and Pattern Recognition，2006.

[10]Furukawa Y，Ponce J.Accurate camera calibration from multi-view stereo and bundle adjustment[J].International Journal of Computer Vision，2009，84(3):257－268.

[11]Low D G.Distinctive image features from scale-invariant keypoints[J].International Journal of Computer Vision，2004，60(2)：91－110.

[12]Furukawa Y，Ponce J.Accurate，dense and robust multi-view stereopsis[C].Minneapolis：IEEE Computer Society Conference on Computer Vision and Pattern Recognition,2007.

[13]刘怡光,赵晨晖,黄蓉刚,等.勿需图像矫正的高精度窄基线三维重建算法[J].电子科技大学学报,2014,43(2):262-267.

[14]Chen T,Liu Y,Li J,et al.Fast narrow-baseline stereo matching using CUDA compatible GPUs[M].Berlin:Springer Berlin Heidelberg,2015.

[15]Marr D.Vision:A computational investigation into the human representation and processing of visual information[M].Cambridge:MIT Press,2009.

[16]王贻术.基于单目视觉的障碍物检测与三维重建[D].杭州:浙江大学,2007.

[17]Zhang R.Shape from shading:A survey[J].IEEE Transactions on Pattern Analysis and Machine Intelligence,1999,21(8):690-706.

[18]段华.基于双目立体视觉的计算机三维重建[D].南京:南京航空航天大学,2003.

[19]章秀华,白浩玉,李毅.多目立体视觉三维重建系统的设计[J].武汉工程大学学报,2013,35(3):70-74.

[20]Snavely N,Seitz S M,Szeliski R.Photo tourism:Exploring photo collections in 3D[J].ACM Transactions on Graphics,2006,25(3):835-846.

[21]Triggs B,Mclauchlan P F,Hartley R I,et al.Bundle adjustment—A modern synthesis[M].Berlin:Springer Berlin Heidelberg,1999.

[22]Wu C,Agarwal S,Curless B,et al.Multicore bundle adjustment[C].Colorado Springs:Computer Vision and Pattern Recognition,2011.

[23]Kutulakos K N.Trends and topics in computer vision[M].Berlin:Springer Berlin Heidelberg,2012.

[24]田绪红,陈茂资,田金梅.DirectX发展及相关GPU通用计算技术综述[J].计算机工程与设计,2009,30(23):5432-5436.

[25]杨靖宇.遥感影像GPU并行化处理技术与实现方法[D].郑州:解放军信息工程大学,2008.

[26]王海峰,陈庆奎.图形处理器通用计算关键技术研究综述[J].计算机学报,2013,36(4):757-772.

[27]刘鑫,孙凤梅,胡占义.针对大规模点集三维重建问题的分布式捆绑调整方法[J].Acta Automatica Sinica,2012,38(9):1428-1438.

[28]Zheng H,Bouzerdoum A,Phung S L.Depth image super-resolution using multidictionary sparse representation[C].Melbourne:IEEE International Conference on Image Processing,2013.

[29]Hornacek M,Rhemann C,Gelautz M,et al.Depth super resolution by rigid body self-

similarity in 3D[C]. Computer Vision and Pattern Recognition，2013.

[30]Diebel J，Thrun S. An application of Markov random fields to range sensing[M]// Combridge，MA：Neural Information Processing Systems，2005.

[31]Yang Q，Yang R，Davis J，et al. Spatial-depth super resolution for range images[C]. Minneapolis：IEEE Conference on Computer Vision and Pattern Recognition，2007.

[32]Garro V，Zanuttigh P，Cortelazzo G M. A new super resolution technique for range data [EB/OL].[2024-04-01]. https://www. semanticscholar. org/paper/A-NEW-SUPER-RESOLUTION-TECHNIQUE-FOR-RANGE-DATA-Garro-Zanuttigh/c804c73eccd9fbd21 3def0c3abd497036e57efaa.

[33]3Rd V S，Duncan B D，Dierking M P，et al. Demonstrated resolution enhancement capability of a stripmap holographic aperture ladar system.[J]. Applied Optics，2012，51 (51):5531-5542.

[34]Sun T，Liu J，Yan H，et al. Super-resolution reconstruction based on incoherent optical aperture synthesis.[J]. Optics Letters，2013，38(17):3471-3474.

[35]Wang J，Oliveira M M. A hole-filling strategy for reconstruction of smooth surfaces in range images[C]. Carlos：16th Brazilian Symposium on Computer Graphics and Image Processing (SIBGRAPI 2003)，2003.

[36]Oh K J，Yea S，Ho Y S. Hole filling method using depth based in-painting for view synthesis in free viewpoint television and 3D video [C]. Chicago：Picture Coding Symposium，2009.

[37]Zhao W，Gao S，Lin H. A robust hole-filling algorithm for triangular mesh[J]. The Visual Computer，2007，23(12):987-997.

[38]Davis J，Marschner S R，Garr M，et al. Filling holes in complex surfaces using volumetric diffusion[C]. Padua：International Symposium on 3D Data Processing Visualization and Transmission，2002. Proceedings. 2002. 428-441.

[39]Goodman J W，Cox M E. Introduction to Fourier Optics[M]. McGraw-Hill，1968.

[40]Kuglin C D. The phase correlation image alignment method[J]. Proceedomg pf International Conference on Cybernetics and Society，1975:163-165.

[41]Castro E D，Morandi C. Registration of translated and rotated images using finite Fourier transforms[J]. Pattern Analysis and Machine Intelligence IEEE Transactions on，1987，9(5):700-703.

[42]Foroosh H，Zerubia J B，Berthod M. Extension of phase correlation to subpixel

registration.[J].IEEE Transactions on Image Processing, 2002, 11(3):188—200.

[43]Stone H S, Orchard M T, Chang E C, et al.A fast direct Fourier-based algorithm for subpixel registration of images[J].Geoscience and Remote Sensing IEEE Transactions on, 2001, 39(10):2235—2243.

[44]Sjödahl M, Benckert L R.Electronic speckle photography: analysis of an algorithm giving the displacement with subpixel accuracy[J].Applied Optics, 1993,32(13):2278—2284.

[45]Kass M, Witkin A, Terzopoulos D.Snakes: active contour models[J].International Journal of Computer Vision, 1988, 1(4):321—331.

[46]Mccoun J, Reeves L.Binocular vision : development, depth perception, and disorders[M]. Nova: Nova Science Publishers, 2010.

[47]Zhang Z.Flexible camera calibration by viewing a plane from unknown orientations[C]. Kerkyra: Proceedings of the Seventh IEEE International on Computer Vision, 1999.

[48]Zhang Z.A flexible new technique for camera calibration[J].IEEE Transactions on Pattern Analysis and Machine Intelligence, 2000, 22(11):1330—1334.

[49]Zhang Z, Deriche R, Faugeras O, et al.A robust technique for matching two uncali brated images through the recovery of the unknown epipolar geometry[J].Artificial Intelligence, 1995, 78(1—2):87—119.

[50]Sun J, Zheng N N, Shum H Y.Stereo Matching Using Belief Propagation[J]. IEEE Transactions on Pattern Analysis and Machine Intelligence, 2002, 25(7):787—800.

[51]Klette R.Stereo Matching[M].London: Springer London, 2014.

[52]Sinha S N, Scharstein D, Szeliski R.Efficient high-resolution stereo matching using local plane sweeps [C]. Columbus: IEEE Conference on Computer Vision and Pattern Recognition, 2014.

[53]Yang Q.Hardware-efficient bilateral filtering for stereo matching.[J].IEEE Transactions on Pattern Analysis and Machine Intelligence, 2014, 36(5):1026.

[54]Kim E P, Choi J, Shanbhag N R, et al.Error resilient and energy efficient MRF message— passing—based stereo matching[J].IEEE Transactions on Very Large Scale Integration Systems, 2016, 24(3):897—908.

[55]Eriksson K, Estep D, Johnson C.Trigonometric functions[M].Berlin: Springer Berlin Heidelberg, 2004: 6—13.

[56]Owens J D, Houston M, Luebke D, et al.GPU Computing[J].Proceedings of the IEEE, 2008, 96(5):879—899.

[57]李繁.基于 GPU 的高性能并行优化算法研究[D].大连：大连理工大学,2014.

[58]白洪涛.基于 GPU 的高性能并行算法研究[D].长春：吉林大学，2010.

[59]Farber R.CUDA application design and development[J].Elsevier Ltd Oxford，2011,32(3)：311—315.

[60]Heid T，Kääb A.Evaluation of existing image matching methods for deriving glacier surface displacements globally from optical satellite imagery[J].Remote Sensing of Environment，2012，118(118):339—355.

[61]Hoge W S.A subspace identification extension to the phase correlation method.[J].IEEE Trans Med Imaging，2003，22(2):277—280.

[62]Lamberti A，Vanlanduit S，Pauw B D，et al.A novel fast phase correlation algorithm for peak wavelength detection of fiber Bragg grating sensors[J].Optics Express，2014，22(6)：7099—7112.

[63]Ren J，Vlachos T，Zhang Y，et al.Gradient-based subspace phase correlation for fast and effective image alignment[J].Journal of Visual Communication & Image Representation，2014，25(7):1558—1565.

[64]Xie J，Mo F，Yang C，et al.A novel sub-pixel matching algorithm based on phase correlation using peak calculation[J].International Archives of the Photogrammetry Remote Sensing and Spatial Information Sciences，2016:253—257.

[65]Tong X，Ye Z，Xu Y，et al.A novel subpixel phase correlation method using singular value decomposition and unified random sample consensus[J].IEEE Transactions on Geoscience & Remote Sensing，2015，53(8):4143—4156.

[66]Tzimiropoulos G，Argyriou V，Zafeiriou S，et al.Robust FFT-based scale-invariant image registration with image gradients[J].IEEE Transactions on Pattern Analysis & Machine Intelligence，2010，32(10):1899—1906.

[67]Li J，Liu Y，Du S，et al.Hierarchical and adaptive phase correlation for precise disparity estimation of UAV images[J].IEEE Transactions on Geoscience & Remote Sensing，2016，54(12):7092—7104.

[68]李锋,董峰,冯旗，等.一种改进相位相关算法的亚像元像移检测方法[J].红外技术，2018，40(8)：805—811.

[69]Alba A，Vigueras—Gomez J F，Arce—Santana E R，et al.Phase correlation with sub-pixel accuracy[J].Computer Vision & Image Understanding，2015，137(C):76—87.

[70]Shibahara T，Aoki T，Nakajima H，et al.A sub-pixel stereo correspondence technique

based on 1D phase-only correlation[C]. San Antonio：IEEE International Conference on Image Processing，2007.

[71]黄志勇,陈一民.基于频域相位相关的自适应光学图像配准算法[J].计算机应用与软件，2016,33(5):166—168.

[72]谢俊峰，莫凡，王怀，等.基于能量对称分布相位相关配准的资源三号 02 星颤振探测[J].光学学报，2019,39(6):357—366.

[73]Khyam M O，Ge S S，Xinde L，et al.Highly accurate time-of-flight measurement technique based on phase-correlation for ultrasonic ranging[J].IEEE Sensors Journal，2017，17(2)：434—443.

[74]Zitova B，Flusser J.Image registration methods：a survey[J].Image and Vision Computing，2003，21(11):977—1000.

[75]顾爽，陈启军.基于全景视觉匹配的移动机器人蒙特卡罗定位算法[J].控制理论与应用，2012，29(5):585—591.

[76]Ke Y，Sukthankar R.PCA-SIFT：a more distinctive representation for local image descriptors[J].2004，2(2):506—513.

[77]Morel J M，Yu G.ASIFT：A new framework for fully affine invariant image comparison[J].Siam Journal on Imaging Sciences，2009，2(2):438—469.

[78]Cai G R，Li S.A Perspective Invariant Image Matching Algorithm[J].Acta Automatica Sinica，2013，39(7):1053—1061.

[79]Bay H，Tuytelaars T，Gool L V.SURF：speeded up robust features[J].Computer Vision and Image Understanding，2006，110(3):404—417.

[80]张锐娟，张建奇，杨翠.基于 SURF 的图像配准方法研究[J].红外与激光工程，2009，38(1):160—165.

[81]Matungka R，Zheng Y F，Ewing R L.Image registration using adaptive polar transform[J].IEEE Transactions on Image Processing，2009，18(10):2340—2354.

[82]Du Q，Chen L.An image registration method based on Wavelet transformation[C].Changchun：2010 International Conference on Computer，Mechatronics，Control and Electronic Engineering，2010.

[83]Mahajan P M，Trupti V.Chaudhari.Area based image registration using wavelet transform and oriented laplacian pyramid[J].International Journal of Engineering Research and Technology,2015,4(1):356—362.

[84]Reddy B S，Chatterji B N.An FFT—based technique for translation，rotation，and scale-

invariant image registration[J].IEEE Transactions on Image Processing，1996，5(8)：1266 —1271.

[85]Vu P V，Chandler D M.A fast Wavelet-based algorithm for global and local image sharpness estimation[J].IEEE Signal Processing Letters，2012，19(7)：423—426.

[86]Gonzale R C.数字图像处理[M].2版.北京：电子工业出版社，2006.

[87]Stone H S，Tao B，Mcguire M.Analysis of image registration noise due to rotationally dependent aliasing[J].Journal of Visual Communication and Image Representation，2003，14(2)：114—135.

[88]Schmit J，Creath K.Window function influence on phase error in phase-shifting algorithms [J].Applied Optics，1996，35(28)：5642—5649.

[89]Sommen P，van Gerwen P，Kotmans H，et al.Convergence analysis of a frequencydomain adaptive filter with exponential power averaging and generalized window function[J].IEEE Transactions on Circuits and Systems，1987，34(7)：788—798.

[90]Harris F J.On the use of windows for harmonic analysis with the discrete Fourier transform[J].Proceedings of the IEEE，1978，66(1)：51—83.

[91]Marquardt D W.An algorithm for least-squares estimation of nonlinear parameters[J].Siam Journal on Applied Mathematics，2006，11(2)：431—441.

[92]Igual L，Preciozzi J，Garrido L，et al.Automatic low baseline stereo in urban areas[J]. Inverse Problems and Imaging.2007；1 (2)，2007.

[93] Zhang C，Elaksher A.An unmanned aerial vehicle-based imaging system for 3D measurement of unpaved road surface distresses1［J］.Computer — Aided Civil and Infrastructure Engineering，2012，27(2)：118—129.

[94]Niethammer U，Rothmund S，James M，et al.UAV-based remote sensing of landslides[J]. International Archives of Photogrammetry，Remote Sensing and Spatial Information Sciences，2010，38(5)：496—501.

[95]Delon J，Rouge B.Small baseline stereovision[J].Journal of Mathematical Imaging and Vision，2007，28(3)：209—223.

[96]Gareth.L.K.Morgan J G L，Yan H S.Precise sub-pixel disparity measurement from very narrow baseline stereo[J].IEEE Transactions on Geoscience and Remote Sensing，2010，34(24)：3424—3343.

[97]Liu J G，Yan H.Robust phase correlation methods for sub-pixel feature matching［EB/ OL］.[2024—04—01].https://www.researchgate.net/publication/267944033.

［98］Gupta R K, Cho S Y. Window-based approach for fast stereo correspondence［J］. IET Computer Vision, 2013, 7(2):123—134.

［99］Shekarforoush H, Berthod M, Zerubia J. Subpixel image registration by estimating the polyphase decomposition of cross power spectrum［C］. San Francisco: IEEE Conference on Computer Vision and Pattern Recognition, 1996.

［100］Foroosh H, Zerubia J B, Berthod M. Extension of phase correlation to subpixel registration［J］. Image Processing, IEEE Transactions on, 2002, 11(3):188—200.

［101］Kanade T, Okutomi M. A stereo matching algorithm with an adaptive window: theory and experiment［J］. Pattern Analysis and Machine Intelligence, IEEE Transactions on, 1994, 16(9):920—932.

［102］Veksler O. Fast variable window for stereo correspondence using integral images［C］. Madison: 2003 IEEE Computer Society Conference on Computer Vision and Pattern Recognition, 2003.

［103］Veksler O. Stereo Matching by compact windows via minimum ratio cycle［J］. IEEE International Conference on Computer Vision, 2001, 2:540—547.

［104］Jeon J, Kim C, Ho Y S. Sharp and dense disparity maps using multiple windows［M］. Berlin: Springer, 2002.

［105］Boykov Y, Veksler O, Zabith R. A variable window approach to early vision［J］. IEEE transactions on pattern analysis and machine intelligence, 1998, 20(12):1283—1294.

［106］Yoon K J, Kweon I S. Adaptive support-weight approach for correspondence search［J］. IEEE Transactions on Pattern Analysis and Machine Intelligence, 2006,28(4):650—656.

［107］Fusiello A, Roberto V, Trucco E. Efficient stereo with multiple windowing［C］. San Juan: IEEE Conference on Computer Vision and Pattern Recognition, 1997.

［108］Kang S B, Szeliski R, Chai J. Handling occlusions in dense multi-view stereo［C］. Kauai: Computer Vision and Pattern Recognition, 2001.

［109］Okutomi M, Katayama Y, Oka S. A simple stereo algorithm to recover precise object boundaries and smooth surfaces［J］. International Journal of Computer Vision, 2002, 47(1—3):261—273.

［110］Adhyapak S A, Kehtarnavaz N, Nadin M. Stereo matching via selective multiple windows［J］. Journal of Electronic Imaging, 2007, 16(1):12—13.

［111］Takita K, Muquit M A, Aoki T, et al. A sub-pixel correspondence search technique for computer vision applications［J］. IEICE Transactions on Fundamentals of Electronics

Communications and Computer, 2004, 87(8):1913-1923.

[112]Masrani D K, Maclean W J.A real-time large disparity range stereo-system using FPGAs [C]. New York: Fourth IEEE International Conference on Computer Vision Systems, 2006.

[113]Fleet D J.Disparity from local weighted phase-correlation[C].San Antonio: Proceeding of IEEE International Conference on Systems, Man, and Cybernetics, 1994.

[114]Yan H, Liu J G, Morgan G, et al.High quality DEM generation from PCIAS[J]. Geoscience and Remote Sensing Symposium, 2012:4950-4953.

[115]Argyriou V, Vlachos T.Motion estimation using quad-tree phase correlation[C]. IEEE International Conference on Image Processing, 2005.

[116]Uemura K, Ikehara M.Quadtree-Structured motion estimation based on phase correlation [C].Yonago: Intelligent Signal Processing and Communications, 2006.

[117]Fukunaga K, Hostetler L D.The estimation of the gradient of a density function, with applications in pattern recognition[J].Information Theory, 1975, 21(1):32-40.

[118]Comaniciu D, Ramesh V, Meer P.Kernel-based object tracking[J].Pattern Analysis and Machine Intelligence, 2003, 25(5):564-577.

[119]Vojir T, Noskova J, Matas J.Robust scale-adaptive mean-shift for tracking[M]. Berlin: Springer, 2013.

[120]Sonka M, Hlavac V, Boyle R.Image processing analysis, and machine vision[M].Boston: Cengage Learning, 2014.

[121]AgiSoft LLC. AgiSoft StereoScan software[EB/OL].[2024-06-08]. http://www. agisoft.com.

[122]Wei P, Kaihuai Q, Yao C. An adaptable-multilayer fractional fourier transform approach for image registration[J]. IEEE Transactions Pattern Analysis Machine Intelligence, 2009,31(3): 400-414.

[123]Liu Y G, Zhao C H, Huang R G, et al. Rectifcation-free 3-dimensional reconstruction method based on phase correlation for narrow baseline image pairs[J]. Journal of University of Electronic Science and Technology of China,2014,43(3): 262-267.

[124]Yu W, Xu B. A sub-pixel stereo matching algorithm and its applications in fabric imaging [J].Machine Vision Applications,2009,20(4): 261-270.

[125]Hoge, W S. Subspace identifcation extension to the phase correlation method[J]. IEEE Transactions on Medical Imaging,2023,22(2): 277-280.

[126]Shibahara T，Aoki T，Nakajima H，et al．A highaccuracy stereo correspondence technique using 1D band-limited phase-only correlation[J].IEICE Electronics Express，2008,5(4)：125—130.

[127]Zhou J L，Wu M，Zhou H P.Research on fast dense stereo matching technique using adaptive mask[J].International Journal of Pattern Recognition and Artificial Intelligence，2014,27(1)：11—20.

[128]Muquit M A，Shibahara T，Aoki T.A high-accuracy passive 3D measurement system using phase-based image matching［J］.IEICE Transactions on Fundamentals of Electronics,Communications and Computer Science,2006,89(3)：686—697.

[129]Zhu Z，Ge Z，Chen S，et al.Research on CUDA-based image parallel dense matching[C].Changsha：Chinese Automation Congress，2013.

[130]Arunagiri S，Jaloma J.Parallel GPGPU stereo matching with an energy-efcient cost function based on normalized cross correlation[EB/OL].[2024—06—08]Parallel GPGPU stereo matching with an energy — efficient cost function based on normalized cross correlation | Semantic Scholar.

[131]Matsuo K，Hamada T，Miyoshi M，et al.Accelerating phase correlation functions using GPU and FPGA[C].San Francisco：NASA/ESA Conference on Adaptive Hardware and Systems，2009.

[132]Schubert F，Mikolajczyk K.Benchmarking GPU-based phase correlation for homography-based registration of aerial imagery［C］.York：15th International Conference On Computer Analysis of Images and Patterns，2013.

[133]Alba A，Arce—Santana E，Aguilar—Ponce RM，et al.Phase-correlation guided area matching for real time vision and video encoding[J].Real Time Image Process,2014,9(4)：621—633.

[134]Cook S.CUDA Programming：A developer's guide to parallel computing with GPUs[M].San Francisco：Morgan Kaufmann，2013.

[135]Kennedy J，Israel O，Frenkel A，et al.Super-resolution in PET imaging[J].Medical Imaging，IEEE Transactions on，2006，25(2)：137—147.

[136]Caner G，Tekalp A M，Heinzelman W.Super resolution recovery for multi-camera surveillance imaging[C].Baltimore：2003 International Conference on Multimedia and Expo，2003.

[137]Gunturk B K，Batur A U，Yucel A，et al.Eigenface-domain super-resolution for face

recognition.[J].IEEE Transactions on Image Processing A Publication of the IEEE Signal Processing Society，2003，12(5):597—606.

[138]Liu F，Wang J，Zhu S，et al.Noisy video super-resolution[C].New York：Proceedings of the 16th ACM international conference on Multimedia，2008.

[139]Merino M T，Nunez J.Super-resolution of remotely sensed images with variablepixel linear reconstruction[J].Geoscience and Remote Sensing，IEEE Transactions on，2007，45(5):1446—1457.

[140]Stefano Berretti P P，del Bimbo A.Face recognition by super resolved 3D models from consumers depth cameras[J].IEEE Trans.Information Forensics and security，2014，9 (9):1436—1449.

[141]Liu J G，Yan H S.Phase correlation pixel-to-pixel image co-registration based on optical flow and median shift propagation[J].International Journal of Remote Sensing，2008，29 (20):5943—5956.

[142]Schuon S，Theobalt C，Davis J，et al.High-quality scanning using time-of-flight depth superresolution[C].Anchorage：2008 IEEE Computer Society Conference on Computer Vision and Pattern Recognition Workshops，2008.

[143]Schuon S，Theobalt C，Davis J，et al.LidarBoost：Depth superresolution for ToF 3D shape scanning[C].Miami：Computer Vision and Pattern Recognition，2009.

[144]Tsai R Y，Huang T S.Multiframe image restoration and registration[EB/OL].[2024—06—08]. https://www.semanticscholar.org/paper/Multiframe-image-restoration-and-registration-Tsai-Huang/0b98e71885239ee1eed204009502bb047ae2c7ce.

[145]S.Farsiu M E，M.Robinson，Milanfar P.Fast and robust multiframe super resolution[J]. IEEE Trans.Image Processing，2004，13(10):1327—1344.

[146]Liu C，Sun D.A bayesian approach to adaptive video super resolution[C].Colorado：IEEE Conference on Computer Vision and Pattern Recognition，2011.

[147]van Ouwerkerk J D.Image super-resolution survey[J].Image and Vision Computing，2006，24(10):1039—1052.

[148]Baker S，Kanade T.Limits on super-resolution and how to break them[J].IEEE Transactions on Pattern Analysis and Machine Intelligence，2002，24(9):1167—1183.

[149]Borman S，Stevenson R L.Super-Resolution from image sequences—A review[C].Notre：Proceedings.1998 Midwest Symposium on Circuits and Systems，1998.

[150]Rajan D，Chaudhuri S.Simultaneous estimation of super-resolved scene and depth map

from low resolution defocused observations[J]. IEEE Transactions on Pattern Analysis and Machine Intelligence, 2003, 25(9):1102－1117.

[151]Joshi M V, Chaudhuri S. Simultaneous estimation of super-resolved depth map and intensity field using photometric cue[J]. Computer Vision and Image Understanding, 2006, 101(1):31－44.

[152]Nasonov A V, Krylov A S. Fast super－resolution using weighted median filtering[C]. Istanbul, International Conference on Pattern Recognition, 2010.

[153]Suresh K, Rajagopalan A. Robust and computationally efficient superresolution algorithm. [J].Journal of the Optical Society of America A, 2007, 24(4):984－992.

[154]Shan Q, Li Z, Jia J, et al. Fast image/video upsampling[J]. Acm Transactions on Graphics, 2008, 27(5):32－39.

[155]Robinson M, Toth C A, Lo J Y, et al. Efficient Fourier-Wavelet super-resolution[J]. IEEE Transactions on Image Processing, 2010, 19(10):2669－2681.

[156]Zhang X, Liu Y. A computationally efficient super-resolution reconstruction algorithm based on the hybird interpolation[J].Journal of Computers, 2010, 5(6):885－892.

[157]Zibetti M V W, Mayer J. A robust and computationally efficient simultaneous super-resolution scheme for image sequences[J].Circuits Systems for Video Technology IEEE Transactions on, 2007, 17(10):1288－1300.

[158]Callico G M, Lopez S, Lopez J F, et al. Low-cost implementation of a super-resolution algorithm for real-time video applications[C].Kobe: IEEE International Symposium on Circuits and Systems, 2005.

[159]Bowen O, Bouganis C. Real-time image super resolution using an FPGA[C]. Heidelberg: International Conference on Field Programmable Logic and Applications, 2008.

[160]Szydzik T, Callico G M, Nunez A. Efficient FPGA implementation of a high-quality super-resolution algorithm with real-time performance [J]. Consumer Electronics IEEE Transactions on, 2011, 57(2):664－672.

[161]Upla K P, Gajjar P P, Joshi M V, et al. A fast approach for edge preserving super-resolution[C]. Barcelona: 2011 IEEE International Conference on Multimedia and Expo, 2011.

[162]Angelopoulou M E, Bouganis C S, Cheung P Y K, et al.Robust real-time super resolution on FPGA and an application to video enhancement. [J]. ACM Transaction on Reconfigurable Technology and Systems, 2009, 2(4):124－127.

[163]Chu C H. Super-resolution image reconstruction for mobile devices[J]. Multimedia Systems，2013，19(4)：315－337.

[164]Kopf J，Cohen M F，Lischinski D，et al.Joint bilateral upsampling[J].ACM Transactions on Graphics，2007，26(3)：96.

[165]Yang Q，Yang R，Davis J，et al.Spatial-depth super-resolution for range images[C]. Minneapolis：IEEE Computer Society Conference on Computer Vision and Pattern Recognition，2007.

[166]Yong J K，Mederos B，Amenta N.Laser scanner super-resolution[C].Boston：Symposium on Point Based Graphics，2006.

[167]Rajagopalan A N，Bhavsar A，Wallhoff F，et al.Resolution enhancement of PMD range maps[C].Munich：Pattern Recognition，Dagm Symposium，2008.

[168]Goldluecke B，Cremers D.Superresolution texture maps for multiview reconstruction[C]. Kyoto：IEEE International Conference on Computer Vision，2009.

[169]Goldlücke B，Aubry M，Kolev K，et al.A super-resolution framework for high-accuracy multiview reconstruction[J]. International Journal of Computer Vision，2014，106(2)：172－191.

[170]Tsiminaki V，Franco J S，Boyer E. High resolution 3D shape texture from multiple videos [C]. Columbus：IEEE Conference on Computer Vision and Pattern Recognition，2014.

[171]M K，Screened H H.Screened Poisson Surface Reconstruction[J]. ACM Transaction on Graphics，2013，32(3)：29.

[172]Fletcher C A.Computational galerkin methods[M].Berlin：Springer，1984.

[173]George C，Rogeer L B. Statistical Inference [M]. 2 ed. California：Pacific Grove Duxbury，2002.

[174]LI J，LIU Y. High precision and fast disparity estimation via parallel phase correlation hierarchical framework[J]. Journal of Real-Time Image Processing，2021，18：463－479.

[175]李杰，李一轩，吴天生，等. 基于 FPGA 无人机影像快速低功耗高精度三维重建[J]. 北京航空航天大学学报，2021,47(3)：486－499.

[176]Wu P F，Liu Y G，Li J，et al. Fast and adaptive 3D reconstruction with extensively high completeness[J]. IEEE Trans on Multimedia，2017,19(2)：266－278.

[177]Mayer N，Ilg E，Häusser P，et al. A large dataset to train convolutional networks for disparity，optical flow，and scene flow estimation[C]. Las Vegas：Proceedings of 2016

IEEE Conference on Computer Vision and Pattern Recognition，2016.

[178]Zbontar J，Lecun Y.Computing the stereo matching cost with a convolutional neural network[C].Piscataway：Proceedings of the IEEE Conf on Computer Vision and Pattern Recognition，2015.

[179]Kendall A，Martirosyan H，Dasgupta S，et al.End-to-end learning of geometry and context for deep stereo regression[EB/OL].[2024－04－23].https：//openaccess.thecvf.com/content_ICCV_2017/papers/Kendall_End-To-End_Learning_of_ICCV_2017_paper.pdf.

[180]Zhang F H，Prisacariu V，Yang R G，et al.GA-Net：guided aggregation net for end-to-end stereo matching [C].Long Beach：2019 IEEE/CVF Conference on Computer Vision and Pattern Recognition(CVPR)，2019.

[181]Duggal S，Wang S L，Ma W C，et al.Deep Pruner：learning efficient stereo matching via differentiable PatchMatch [C].Seoul：2019 IEEE/CVF International Conference on Computer Vision (ICCV)，2019.

[182]Xu B，Xu Y H，Yang X L，et al.Bilateral grid learning for stereo matching networks[C].IEEE Conference on Computer Vision and Pattern Recognition (CVPR)，USA，2021.

[183]Khamis S，Fanello S，Rhemann C，et al.StereoNet：guided hierarchical refinement for real-time edge-aware depth prediction[EB/OL].[2024－04－01].https：//arxiv.org/abs/1807.08865.

[184]Mei X，Sun X，Zhou M，et al. On building an accurate stereo matching system on graphics hardware[C].Barcelona：IEEE International Conference on Computer Vision Workshops，2011.

[185]Yang Q.A non－local cost aggregation method for stereo matching[C]. Rhode Island，IEEE Conference on Computer Vision and Pattern Recognition，2012.

[186]Zhang K，Lu J，Lafruit G，Cross-based local stereo matching using orthogonal integral images[J]. IEEE Transactions on Circuits and Systems for Video Technology，2009,19(7)：1073－1079.

[187]Pang J H，Sun W X，Ren J S，et al.Cascade residual learning：a two-stage convolutional neural network for stereo matching[J/OL]. [2024－04－01].https：//arxiv.org/abs/1708.09204.

[188]Wang Q，Shi S，Zheng S，et al. FADNet：A fast and accurate network for disparity estimation[EB/OL].[2024－04－01].https：//arxiv.org/abs/2003.10758.

[189]Zhang Y M，Chen Y M，Bai X，et al.Adaptive unimodal cost volume filtering for deep stereo matching[EB/OL]．[2024－04－01].https://arxiv.org/abs/1909.03751.

[190]Zhang F H，Qi X J，Yang R G，et al.Domain-invariant stereo matching networks[EB/OL].[2024－04－01].https://arxiv.org/abs/1911.13287.

[191]Shen Z L，Dai Y C，Rao Z B.CFNet：cascade and fused cost volume for robust stereo matching[C].Nashville：2021 IEEE/ CVF Conference on Computer Vision and Pattern Recognition (CVPR)，2021.

[192]Xu G W，Cheng J D，Guo P，et al.Attention concatenation volume for accurate and efficient stereo matching[EB/OL].[2024－04－01]. https://arxiv.org/abs/2203.02146.

[193]Chang J R，Chen Y S.Pyramid stereo matching network [EB/OL]．[2024－04－01]. https://arxiv.org/abs/1803.08669.

[194]Guo X Y，Yang K，Yang W K，et al.Group-wise correlation stereo network[EB/OL]. [2024－04－01]. https://arxiv.org/abs/1903.04025.

[195]Song X，Zhao X，Fang L J，et al.EdgeStereo：an effective multi-task learning network for stereo matching and edge detection[J].International Journal of Computer Vision,2020, 128(4)：910－930.

[196]Xu H F，Zhang J Y.AANet：adaptive aggregation network for efficient stereo matching [EB/OL].[2024－04－23]. https://arxiv.org/abs/2004.09548.

[197]Geiger A，Lenz P，Urtasun R.Are we ready for autonomous driving? the KITTI vision benchmark suite[C].Rhode Island：IEEE Conference on Computer Vision and Pattern Recognition，2012.

[198]Menze M，Heipke C，Geiger A.Joint 3D estimation of vehicles and scene flow[J]. ISPRS Annals of Photogrammetry，Remote Sensing and Spatial Information Sciences，2015(II－3/W5)：427－434.

[199]Dovesi P et al. Real-time semantic stereo matching[EB/OL].[2024－04－23]. https://arxiv.org/abs/1910.00541.

[200]Chen W，Jia X，Wu M，Liang Z.Multi-dimensional cooperative network for stereo matching[J].IEEE Robotics and Automation Letters.2022,7(1)：581－587.

[201]Zenati N，Zerhouni N.Dense Stereo Matching with Application to Augmented Reality[C]. Dubai：IEEE International Conference on Signal Processing and Communications，2007.

[202]Chabra R，Straub J，Sweeney C，et al.StereoDRNet：dilated residual stereoNet[EB/OL]. [2024－04－23].https://arxiv.org/abs/1904.02251.

［203］Tankovich V，Hane C，Zhang Yinda，et al. HITNet：Hierarchical iterative tile refinement network for real-time stereo matching［EB/OL］.［2024－04－23］. https://arxiv.org/abs/2007.12140.

［204］Zhou W，Liang L，Zhang H，et al. Scale and orientation aware EPI-patch learning for light field depth estimation［C］. Beijing：2018 24th International Conference on Pattern Recognition (ICPR)，2018.

［205］Shi F，Li H，Gao Y，et al. Sparse winograd convolutional neural networks on small-scale systolic arrays［EB/OL］.［2024－04－23］. https://arxiv.org/abs/1810.01973.

［206］Wang Y，Wang L，Wu G，et al. Disentangling light fields for super-resolution and disparity estimation［J］. IEEE Transactions on Pattern Analysis and Machine Intelligence，2023，45(1)：425－443.

［207］Ling Y，He T，Meng H，et al. Hardware accelerator for an accurate local stereo matching algorithm using binary neural network［J］. Journal of Systems Architecture，2021，117 (11)：102110.

［208］Leung B，Memik S O . Exploring super-resolution implementations across multiple platforms［J］. Eurasip Journal on Advances in Signal Processing，2013，2013：1－8.

［209］Ling Y，He T，Zhang Y，et al. Lite-stereo：a resource-efficient hardware accelerator for real-time high-quality stereo estimation using binary neural network［J］. IEEE Transactions on Computer－Aided Design of Integrated Circuits and Systems，2022，41(12)：5357－5366.

［210］Chao W，Duan F，Wang X，et al. OccCasNet：occlusion-aware cascade cost volume for light field depth estimation［J］. IEEE Transactions on Computational Imaging，2023，10：1680－1691.

［211］Chao W，Wang X，Wang Y，et al. Learning sub-pixel disparity distribution for light field depth estimation［J］. IEEE Transactions on Computational Imaging，2023，9：1126－1138.

［212］Yan W，Zhang X，Chen H . Occlusion-aware unsupervised light field depth estimation based on muti-scale GANs［J］. IEEE Transactions on Circuits and Systems for Video Technology，2024，34(7)：6318－6333.

［213］Heber S，Pock T . Convolutional networks for shape from light field［C］. Computer Vision & Pattern Recognition，2016.

［214］Heber S，Yu W，Pock T . Neural EPI-volume networks for shape from light field［C］. Venice：2017 IEEE International Conference on Computer Vision (ICCV)，2017.

[215]Luo Y，Zhou W，Fang J，et al. EPI-patch based convolutional neural network for depth estimation on 4D light field[M].Berlin：Springer，2017.

[216]Shin C，Jeon H G，Yoon Y，et al. EPINET：A fully-convolutional neural network using epipolar geometry for depth from light field images[EB/OL].[2024－04－23]. https://arxiv.org/abs/1804.02379.

[217]Tsai Y J，Liu Y L，Ouhyoung M，et al. Attention-Based view selection networks for light-field disparity estimation［J］.Proceedings of the AAAI Conference on Artificial Intelligence，2020，34(7)：12095－12103.

[218]Huang Z，Hu X，Xue Z，et al.Fast light-field disparity estimation with Multi-disparity-scale cost aggregation［C］. Montreal：International Conference on Computer Vision，2021.

[219]Peng J，Xiong Z，Liu D，et al.Unsupervised Depth Estimation from Light Field Using a Convolutional Neural Network［C］.Verona：2018 International Conference on 3D Vision，2018.

[220]Chen J，Zhang S，Lin Y. Attention-based Multi-level fusion network for light field depth estimation.[J].Proceedings of the AAAI Conferencf on Artificial Intelligence，2021，35(2)：1009－1017.

[221]Wang Y，Wang L，Liang Z，et al.Occlusion-aware cost constructor for light field depth estimation[C].New Orleans：IEEE/CVF conference on computer vision and pattern recognition，2022.

[222]Zhang X，Zhou X，Lin M，et al. ShuffleNet：an extremely efficient convolutional neural network for mobile devices［EB/OL］.［2024－04－23］. https://arxiv.org/abs/1707.01083.

[223]Howard A G，Zhu M，Chen B，et al. MobileNets：efficient convolutional neural networks for mobile vision applications［EB/OL］.［2024－04－23］. https://arxiv.org/abs/1704.04861.

[224]Tan M，Le Q V. EfficientNet：rethinking model scaling for convolutional neural networks［EB/OL].[2024－04－23]. https://arxiv.org/abs/1905.11946

[225]Hubara I，Soudry D，Yaniv R E.Binarized neural networks［EB/OL].[2024－04－23]. Training Deep Neural Networks with Weights and Activations Constrained to ＋1 or －1.

[226]Rastegari M，Ordonez V，Redmon J，et al. Xnor-net：imagenet classification using binary convolutional neural networks[M].Cham：Springer International Publishing，2016.

[227]Li F, Liu B .Ternary Weight Networks[EB/OL].[2024－04－23]. https://arxiv.org/abs/1605.04711.

[228]Zhou S, Wu Y, Ni Z, et al.DoReFa-Net: training low bitwidth convolutional neural networks with low bitwidth gradients[EB/OL].[2024－04－23]. https://arxiv.org/abs/1606.06160.

[229]Liu Z, Shen Z, Savvides M,et al.ReActNet: towards precise binary neural network with generalized activation functions[EB/OL].[2024 － 04 － 23]. https://arxiv.org/abs/2003.03488.

[230]Zhang Y, Pan J, Liu X, et al.FracBNN: accurate and FPGA-efficient binary neural networks with fractional activations[EB/OL].[2024－04－23]. https://arxiv.org/abs/2012.12206.

[231]Liang Y, Lu L, Xiao Q, et al. Evaluating fast algorithms for convolutional neural networks on FPGAs[J]. IEEE Transactions on Computer-Aided Design of Integrated Circuits and Systems, 2020,39(4):857－870.

[232]Lu L, Liang Y . SpWA: an efficient sparse winograd convolutional neural networks accelerator on FPGAs [C]. San Francisco: 55th Annual Design Automation Conference, 2018.

[233]Winograd S . Arithmetic complexity of computations[M]. Philadelphia: Society for Industrial & Applied Mathematics, 1980.

[234]Zhu C, Huang K, Yang S,et al. An efficient hardware accelerator for structured sparse convolutional neural networks on FPGAs[EB/OL].[2024－04－23]. https://arxiv.org/abs/2001.01955.

[235]Meng J, Venkataramanaiah S K, Zhou C, et al.Fixyfpga: efficient fpga accelerator for deep neural networks with high element-wise sparsity and without external memory access[C]. Dresden: 31st International Conference on Field-Programmable Logic and Applications, 2021.

[236]Umuroglu Y, Fraser N J, Gambardella G,et al.FINN: a framework for fast, scalable binarized neural network inference[EB/OL].[2024 － 04 － 23]. https://arxiv.org/abs/1612.07119.

[237]Blott M, Preusser T, Fraser N,et al.FINN-R: an end-to-end deep-learning framework for fast exploration of quantized neural networks[J]. ACM Transactions on Reconfigurable Technology and Systems, 2018, 11(3):1－23.

［238］Loni M，Majd A，Loni A，et al.Designing compact convolutional neural network for embedded stereo vision systems［C］.Hanoi：IEEE 12th International Symposium on Embedded Multicore/Many-core Systems-on-Chip，2018.

［239］Puglia L，Brick C .Deep Learning Stereo Vision at the edge［EB/OL］.［2024－04－23］. https：//arxiv.org/abs/2001.04552.

［240］Hashimoto N，Takamaeda-Yamazaki S.Fadec：FPGA-based acceleration of video depth estimation by hw/sw co-design［C］.HongKong：2022 International Conference on Field-Programmable Technology，2022.

［241］Chen G，Ling Y，He T，et al.StereoEngine：an FPGA-based accelerator for real-time high-quality stereo estimation with binary neural network［J］.IEEE Transactions on Computer-Aided Design of Integrated Circuits and Systems，2020，39(11)：1－1.

［242］Li Y，Wang Q，Zhang L，et al.A lightweight depth estimation network for wide-baseline light fields［J］.IEEE Transactions on Image Processing，2021，30：2288－2333.

［243］Jeon H G，Park J，Choe G，et al.Depth from a light field image with learning-based matching costs［J］.IEEE Transactions on Pattern Analysis and Machine Intelligence，2019，41(2)：297－310.

［244］Strecke M，Alperovich A，Goldluecke B .Accurate depth and normal maps from occlusion-aware focal stack symmetry［C］.Honolulu：2017 IEEE Conference on Computer Vision and Pattern Recognition，2017.

［245］Zhou W，Zhou E，Liu G，et al.Unsupervised monocular depth estimation from light field image［J］.IEEE Transactions on Image Processing，2019，20：1606－1617.

［246］Honauer K，Johannsen O，Kondermann D，et al.A dataset and evaluation methodology for depth estimation on 4D light fields［C］//Computer Vision－ACCV 2016：13th Asian Conference on Computer Vision，Taipei，Taiwan，November 20－24，2016，Revised Selected Papers，Part III. Springer International Publishing，2017.

［247］Kingma D P，Ba J.Adam：A method for stochastic optimization［EB/OL］.［2024－04－23］. https：//arxiv.org/abs/1412.6980.